ÉTUDES

L'HISTOIRE NATURELLE

PAR

CAMILLE DELVAILLE

UNITÉ D'ORIGINE DES RACES HUMAINES. — DE L'ALIMENTATION PAR LA VIANDE DE CHEVAL. — L'OEUVRE D'ÉTIEN. GEOFFROY SAINT-HILAIRE. — BIOGRAPHIES SCIENTIFIQUES DU XVIII° SIÈCLE. — LES HOMMES A QUEUE. — LA CITADELLE MAZARINE. — L'ESPRIT SCIENTIFIQUE DU XIX° SIÈCLE.

PARIS

MICHEL LÉVY FRÈRES, LIBRAIRES-ÉDITEURS

RUE VIVIENNE, 2 BIS

1860

ÉTUDES

SUR

L'HISTOIRE NATURELLE

PARIS.—IMPRIMERIE WITTERSHEIM,
RUE MONTMORENCY, 8.

ÉTUDES

SUR

L'HISTOIRE NATURELLE

PAR

CAMILLE DELVAILLE

PARIS

MICHEL LÉVY FRÈRES, LIBRAIRES-ÉDITEURS

RUE VIVIENNE, 2 BIS

—

1859

PREFACE

Ce livre est mon premier ouvrage. — Comme les navigateurs inexpérimentés, à la veille d'entreprendre un grand voyage, s'exercent à cotoyer les rivages connus, — de même, voulant me lancer sur l'immense océan de la science, j'ai visité les pays parcourus par mes prédécesseurs et mes maîtres.

Les quatre premières études sont des analyses de cours ou des critiques d'ouvrages.

La cinquième est une polémique badine contre l'immobilité d'un puissant corps savant.

La dernière est la préface incomplète d'un grand travail sur la SIENCE *dans ses rapports avec la Religion et la Philosophie.* Somme toute, mon humble petit volume n'est qu'une œuvre d'essai, un jalon planté sur la route de l'avenir.

C. D.

Biarritz, 10 octobre 1859.

A MONSIEUR

ISIDORE-GEOFFROY SAINT-HILAIRE

MEMBRE DE L'INSTITUT, PROFESSEUR AU MUSÉUM D'HISTOIRE
NATURELLE ET A LA FACULTÉ DES SCIENCES
DE PARIS, ETC., ETC.

A si haute dédicace, il eût fallu œuvre parfaite. Puisse la profonde reconnaissance de l'auteur pour le savant auquel il dédie ces pages faire oublier l'insuffisance de celles-ci.

CAMILLE DELVAILLE.

UNITÉ D'ORIGINE

DES

RACES HUMAINES

M. Geoffroy Saint-Hilaire a fait cette année plusieurs leçons sur l'homme[1].

Mais avant d'entrer dans les détails de cette étude, il veut montrer la place qu'occupe notre espèce dans la série zoologique. Est-ce un simple genre, un ordre, ou une classe du règne animal, ou bien forme-t-elle un règne à part?

Pour résoudre le problème (et M. Geoffroy admet la seconde opinion), il faut savoir comment on distingue un règne d'un autre.

[1] La deuxième édition de ce travail a paru en 1856.

En effet, l'homme ne pourra pas former un règne à part si on ne le considère qu'en égard à ses caractères organiques. Il ne diffère des animaux que par ses facultés. Or si nous prouvons que le règne animal ne peut non plus être distingué du végétal par des caractères organiques bien tranchés, mais seulement par des facultés, nous aurons fait un grand pas dans la question : nous aurons posé sur des bases solides l'établissement du *règne humain*.

PREMIÈRE LEÇON.

DES CARACTÈRES DISTINCTIFS DES ANIMAUX ET DES VÉGÉTAUX.

L'existence d'une *cavité digestive* a été regardée d'abord comme un caractère distinctif de l'animal. Mais il n'en est pas ainsi et on avait mal raisonné. Tant que l'on n'a pas eu de bons microscopes, comme on voyait presque partout un tube digestif, on généralisait son existence; si on ne pouvait en trouver dans les degrés inférieurs de l'animalité, la faute en était à la petitesse de l'animal et à l'imperfection de l'instrument d'optique! — Plus tard les microscopes ayant été perfectionnés, on a reconnu l'erreur commise et on a bien été obligé d'admettre que le tube digestif était un caractère non pas général, mais *presque général* des animaux.

On a dit aussi que tout animal possédait un système nerveux; on était fondé à l'admettre parce que tout animal sent et veut. Mais on ne l'a pas toujours trouvé parce que ce sont des organes excessivement délicats. Ici même l'analogie faisait prévoir le résultat de l'observation.

En effet, à mesure que l'on descend aux degrés les plus inférieurs de l'échelle animale, on aperçoit une tendance à l'homogénéité ; on doit donc conclure que chez les derniers animaux on ne devra pas trouver de nerfs.

Le raisonnement concordant ici avec l'observation, la conclusion que nous tirons paraît infiniment probable. On voit donc en définitive qu'on ne peut pas fonder la définition de l'animalité sur l'existence du tube digestif et du système nerveux.

Pourra-t-on la fonder sur l'attitude, la couleur, la composition chimique ? Il est évident que ce sont des tentatives désespérées, et que rien ne justifie.

Il n'y a donc pas un seul caractère organique qui puisse différencier l'animal du végétal.

Il faut trouver la différence dans la différence des fonctions.

L'animal sent et se meut, ont dit les anciens.

Ce qu'il y a de plus essentiel c'est la sensibilité. Théoriquement la sensibilité de l'animal est incontestable ; mais pratiquement elle est très-difficile à établir. Comment s'assurer qu'un être sent ? S'il s'agit de nos semblables, ou d'animaux voisins de l'homme, la chose sera facile, quoique Descartes l'ait nié ; mais à mesure que l'on descend aux êtres inférieurs on voit peu à peu la voix disparaître ; on en trouve ensuite chez lesquels le mouvement est encore plus incertain ; de sorte qu'arrivé par degrés au bas de la série, on ne peut conclure qu'un être sent que parce qu'il se meut. S'il s'éloigne de quelque chose, d'un soleil trop ardent par exemple, ou s'il se porte vers un autre objet, nous serons en droit de dire que le premier lui est désagréable et que le second au contraire lui plaît.

Cette perception que nous donnons à l'animal ne nous est fournie que par ses mouvements. Donc la mobilité est le critérium de la sensibilité.

Examinons maintenant ses caractères.

La plupart des animaux se déplacent plus ou moins lentement ; pour d'autres ce déplacement est impossible ; nous citerons l'huître attachée à son rocher. Nous trouvons cependant là un mouvement partiel : la valve de l'huître s'ouvre et se referme. — Est-il important que la locomotion soit générale ou partielle ? Évidemment non, il faut seulement que la volonté agisse dans l'un et l'autre cas pour que nous puissions reconnaître le caractère général de l'animalité. Or, pour constater l'existence de

cette volonté, il suffit de savoir que les êtres inférieurs varient leurs mouvements suivant les circonstances ; c'est ce que l'on voit chez l'amible (et
nous choisissons à dessein un des êtres les plus
simples que l'on puisse trouver) : cet animal affecte
ordinairement la forme d'une petite gouttelette
d'huile, puis se prolonge en sens divers et s'avance
ainsi avec lenteur. On ne peut donc pas nier dans
cet être, si simple qu'il soit, une volonté détermi-
nant tous les actes qu'il exécute.

Nous devons donc établir dès à présent que ce
qui caractérise l'animal, c'est *la faculté de sentir,
attestée quelquefois par la faculté de se mouvoir.*

Mais, dira-t-on, quelques végétaux sont doués de
la motilité ; exemple : la *vallisnérie* et la *sensitive.*

La vallisnérie est une plante dioïque aquatique
qui nous présente au printemps un phénomène curieux ; la tige femelle, qui est contournée en spirale
à tours rapprochés, se déroule à ce moment et arrive à la surface de l'eau où elle rencontre la
fleur mâle qui a rompu ses attaches, et la fécon-
dation s'opère. M. Chatin, qui a examiné ce fait
avec beaucoup d'attention, a vu là un exemple de
l'automatisme le plus complet ; la chose, dit-il, ne
saurait être faite autrement.

La sensitive nous présente un phénomène plus

singulier encore, mais la volonté n'intervient pas dans les actes qu'on lui voit accomplir, ce n'est qu'un sommeil des feuilles à une heure inaccoutumée, c'est un mouvement automatique et non autonomique. — Si c'était un fait de sensibilité, la plante s'élèverait au-dessus des autres végétaux de toute la hauteur qui sépare la faculté de se mouvoir et celle de sentir, de l'immobilité et de l'insensibilité, attributs ordinaires de la végétabilité, mais il n'en est pas ainsi : elle fait partie de la famille des mimosées à laquelle appartiennent une foule de plantes privées de ce caractère : certaines espèces du genre *mimeuse* sont dans ce cas. De plus, on trouve ces mouvements dans des plantes nettement distinctes de la sensitive, les oxalidées par exemple.

Une autre difficulté plus sérieuse se présente, ce sont les mouvements dont sont animés les corpuscules générateurs des zoosporées. On les voit, munis de cils vibratiles, sortir de la cavité où ils ont pris naissance et nager en tournant sur eux-mêmes d'une manière « assez irrégulière, plus vive ou plus lente dans une direction ou dans une autre[1]. »

[1] G. Thuret, *Annales des sc. natur.*, Botanique, 2e série, t. IX, p. 266, 1843.

Chez d'autres végétaux, les fucacées, les anthéro-soïdes ou corpuscules fécondateurs se meuvent très-rapidement, et à l'aide de cils vibratiles ; ils tournent beaucoup plus vite que les corpuscules des zoosporées et même beaucoup plus longtemps : cela se prolonge quelquefois pendant un jour ou deux.

Mais est-ce là un mouvement autonomique?... On a pu se faire illusion à ce sujet, de même que l'on croyait dans les XVIIe et XVIIIe siècles au mouvement volontaire des spermatozoïdes. Or ces deux mouvements sont fort analogues, et l'on pourra les nier par les mêmes arguments, comme nous allons le voir.

Buffon disait qu'on ne devait pas prendre les spermatozoïdes pour des animaux, parce « *qu'ils ne se reproduisent pas par les voies de génération...*, parce que leur mouvement, une fois commencé, *finit tout à coup sans jamais se renouveler...* Un animal va quelquefois lentement, quelquefois vite ; il s'arrête et se repose parfois dans son mouvement ; les spermatozoïdes, au contraire, continuent d'aller et de se mouvoir progressivement sans jamais se reposer ; *lorsqu'ils s'arrêtent une fois, c'est pour toujours*[1].

[1] *Histoire naturelle*, t. II, p. 266, 267, 1749.

Voilà le raisonnement que nous pouvons appliquer aussi aux corpuscules végétaux. Seulement on objecte que ceux-ci portent des cils vibratiles, et que c'est par l'action de ces petits organes qu'ils se meuvent, comparables, sous ce rapport, à un grand nombre de vrais infusoires ; mais une différence de mécanisme n'implique pas nécessairement une différence de cause et de nature ; de ce qu'un mouvement, si bien comparable d'ailleurs à celui des spermatozoïdes, est dû à des vibrations ciliaires, il ne résulte nullement que les arguments de Buffon cessent de lui être applicables, qu'on doive le tenir pour autonomique, et qu'il faille placer parmi les infusoires le corps qui le produit.

Une telle conséquence serait manifestement contraire à la logique, et elle ne le serait pas moins à tout ce que l'observation nous a appris, depuis un quart de siècle, sur les cils vibratiles et sur le véritable caractère des mouvements dont ils sont les agents.

Non-seulement, en zoologie, on rencontre à chaque instant des exemples de mouvements *partiels* produits à la surface du corps ou des membranes muqueuses, par des vibrations ciliaires manifestement automatiques, mais, souvent même, on observe des mouvements *généraux* et de translation qui ont la même cause et sont de même nature. Tous les micrographes, tous les physiologistes, au courant de la science, savent combien il est peu rare de voir des cils ou des lambeaux ciliés accidentellement détachés d'un embryon ou même d'un animal adulte, conserver temporairement leur activité vitale au point de nager dans l'eau pendant des heures entières, à la manière des infusoires. Ces parcelles, ces débris d'animaux, n'ont pas manqué d'être pris, eux aussi, pour des êtres doués d'une vie propre et individuelle et se mouvant volontairement, en un mot, pour des animaux entiers, pour des infusoires; mais, dans la plupart des cas, leur origine, et par suite leur véritable nature, n'ont pas tardé à être reconnues; si bien que personne ne voit plus en eux que des exemples, et ceux-ci incontestables, d'une locomotion déterminée par le jeu seulement automatique d'organes ciliaires. On peut rapprocher de ces corpuscules les anthérozoïdes et les spores. Et l'on peut conclure « que la locomotion prétendue volontaire de ceux-ci n'est, comme tous les mouvements propres des végétaux, que le résultat d'une action vitale automatique; un phénomène purement *organique* et nullement *animal.* »

En somme, l'animalité temporaire des algues est

une hypothèse que rien ne justifie, et il reste vrai de dire avec Buffon : « Jamais l'on n'a vu de végétal produire un animal. »

Nous sommes donc en droit de dire tous les animaux sensibles ; nous sommes fondés à croire tous les végétaux insensibles.

D'où, entre l'animal et le végétal deux différences essentielles que nous ne saurions mieux exprimer que par cette définition de Linné :

Animalia sententia spontèque se moventia;

Vegetabilia non sententia (nec sponte se moventia).

DEUXIÈME LEÇON.

DE LA PLACE QU'OCCUPE L'HOMME DANS LA SÉRIE ANIMALE.

Il n'y a pas une seule opinion sur ce sujet qui n'ait été émise et défendue, depuis celle qui fait de l'homme une espèce dans un genre comprenant des singes, jusqu'à celle qui en fait non-seulement un règne, mais un monde à part : le microcosme dans le macrocosme.

Linné a placé l'homme dans le genre *homo* avec un singe, le gibbon lar, et beaucoup d'auteurs ont cru que c'était avec le troglodyte chimpanzé ; — c'est une erreur qu'il importe de rectifier.

Linné met bien dans le genre *homo* l'*homo sapiens* (homme) et l'*homo troglodytes* ; mais sous ce dernier nom, il veut désigner l'*albinos*, nommé par lui troglodyte, parce que cette variété de notre espèce habite les cavernes ; il est du reste une circonstance qui aurait dû empêcher de commettre cette

erreur, c'est que le chimpanzé est noir, tandis que
Linné appelle son *homo troglodytes* ANIMAL ALBUM !

Blumembach a fait de l'homme un ordre à part et
l'a nommé *inermis*, parce que l'homme n'est pas
pourvu d'armes défensives ou offensives[1]. Plus
tard, il l'a appelé *bimane*, et cette expression a été
adoptée par Cuvier et M. Duméril. Ce mot a pour
auteur Buffon, qui s'en servait comme d'un adjectif,
en disant : L'homme est bimane et le singe quadrumane.

Carus fait de notre espèce une classe du règne
animal, mais une classe hors ligne et à part de toutes les autres, une classe qui n'en est pas seulement le couronnement, mais la synthèse. « Si bien
que l'homme étant compris dans le règne animal,
ne peut néanmoins être appelé un animal, à moins
qu'on ne veuille abuser du mot et ravaler la dignité
de notre espèce ; pas plus que la lumière pure composée des sept rayons du spectre, ne porte le nom
de couleur [2]. »

---

[1] Eustachi a dit de l'homme : « Robur et vires in sapientiâ. »
Tractatus de dentibus, Leyde, 1707, in-8, c. XXVII, p. 87.

[2] *Traité élémentaire d'anatomie comparée*, trad. de Jourdan,
t. I, p. 21.

Très-anciennement, on avait eu l'intention de séparer totalement l'homme des autres animaux, en créant un règne à part.

Ainsi Aristote divise les corps en animés et inanimés : τα εμψυχα και τα αψυχα. Parmi les premiers il établit trois groupes : le végétal qui a l'âme nutritive, l'animal qui a en outre la sensibilité et le mouvement, et enfin l'homme qui a de plus la vie intellectuelle et morale.

Ces idées ont fait loi pendant plusieurs siècles. Elles ont été admises par les commentateurs d'Aristote, tels que Hermolaüs Barbarus (1553), Christofle de Savigny (1587), Freigius qui, en 1576, résume ces vues dans un tableau synoptique, dont voici un extrait :

```
Corpus animatum {Vegetans, ut stirpes
                 {Sentiens, ut animal {ζωοφυτον
                                      {Verum   {Irrationnale
                                               {Rationnale (homo)
```

Les idées alchimistes sont venues renverser la division d'Aristote. « En effet, cette doctrine soumettait le ciel et la terre à des lois numériques communes, à des nombres sacrés, le *septenaire* et le *ternaire*; le septenaire à cause des sept jours de la Genèse; d'où les sept planétes, les sept météores, les sept métaux, les sept pierreries, les sept parties vitales de l'homme, les sept saveurs, les sept notes de musique ; le ternaire, parce qu'en tout et partout, et jusque dans la création matérielle, devait se retrouver l'image du créateur triple et un, la triplicité dans l'unité, en un mot la *tri unitas*. »

Voilà pourquoi quatre règnes existant établis par Aristote et adoptés par Albert le Grand, entre autres, les alchimistes ne pouvant pas y ajouter trois autres pour en avoir sept, ont préféré en enlever un pour en avoir trois, — de là, la division en trois règnes, animal, végétal et minéral, qu'ont adoptée Linné, Cuvier, etc….

La séparation de l'homme d'avec les animaux a été faite par Buffon. Seulement il émet, à ce sujet, deux opinions contraires, comme cela lui arrive dans toutes les grandes questions ; mais ici c'est la contradiction du progrès. Lorsqu'il a commencé à élever son monument d'histoire naturelle, il ne s'y était pas préparé ; il avait plutôt en vue d'écrire un ouvrage littéraire, et suivant le courant des idées reçues, il faisait de l'homme un genre du règne animal ; plus tard, il s'est instruit et est devenu grand naturaliste ; il a dit alors : L'homme et les animaux.

Tous les auteurs qui ont écrit depuis Buffon ont adopté ses premières idées, sans excepter Blumembach et Cuvier.

Adanson qui a fait, en 1772, un cours d'histoire naturelle, a séparé l'homme des animaux. Daubenton, l'illustre collaborateur de Buffon, et Vicq d'Azyr, ami de Daubenton, ont partagé et défendu cette opinion. En 1794, Et. Geoffroy Saint-Hilaire, qui fit alors le premier cours d'histoire naturelle, en France, consacra sa première et sa deuxième leçon à établir que l'homme doit être distingué, isolé des animaux. Lacépède a fait de même. M. de Brabançois les a imités, en 1816, lorsqu'il a établi son *règne moral*. Fabre d'Ollivet a donné à ce règne, en 1822, le nom de *règne hominal*. Enfin, à notre époque, en Allemagne, il s'est produit un mouvement sous l'influence de la philosophie de Schelling. Parmi ses disciples, se trouve M. Nees d'Esenbeck qui a adopté le *règne humain*.

On peut résumer toutes ces opinions dans le tableau suivant :

CLASSIFICATIONS DIVERSES DU GENRE HUMAIN.

L'homme a été considéré :

1° Comme devant être placé parmi les mammifères et constituer :

A Un *genre* de 1er ordre.	Homo, 1er genre des anthropomorphes ou primates.	Linné et d'après lui au XVIIIe siècle, Exleban, Gmeelin et un grand nombre d'auteurs. J.-B. Fischer (1820).
B Une *famille* distincte dans le 1er ordre.	Hominidæ, 1re famille des primates. Bimana, id.	Ch. Bonaparte (1830). Lessons (1840). Godman.
C Un *sous-ordre*.	Hominidiens, 1er sous-ordre des hominiens.	Dugès, *conformité* (1832)
	Inermis.	Blumenbach (1re édition du *Manuel d'histoire naturelle* (1779)
D Un *ordre* en tête de la classe.	Bimani, Bimanes.	Le même, dernière édition de son ouvrage; et d'après lui, Cuvier, Duméril et un grand nombre d'auteurs.
	Erecta.	Illiger (1811).
	Homme.	De Blainville (1816).
	Hominions, 1er ordre des hoministes	Dugès, *physiologie* (1837)
2° Comme devant constituer dans le règne animal, une *classe* distincte.	Homo.	Zenker (1828). Carus (*anatomie comparée*).

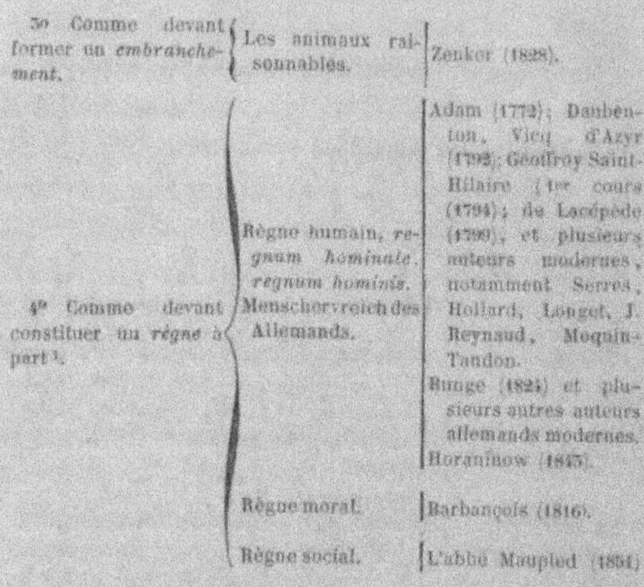

3° Comme devant former un *embranchement*.	Les animaux raisonnables.	Zenker (1828).
4° Comme devant constituer un *règne* à part[1].	Règne humain, *regnum hominale*, *regnum hominis*. Menschenreich des Allemands.	Adam (1772); Daubenton, Vicq d'Azyr (1792); Geoffroy Saint-Hilaire (1er cours (1794); de Lacépède (1799), et plusieurs auteurs modernes, notamment Serres, Hollard, Longet, J. Reynaud, Moquin-Tandon. Bunge (1824) et plusieurs autres auteurs allemands modernes. Horaninow (1843).
	Règne moral.	Barbançois (1816).
	Règne social.	L'abbé Maupied (1854)

M. Isidore Geoffroy Saint-Hilaire ne voit d'admissible que deux classifications pour l'homme : l'une physique, c'est la famille humaine proposée par Godman, en 1826, et adoptée par le prince Ch. Bonaparte; l'autre philosophique, c'est le règne humain.

Quant à l'ordre de bimanes, qu'est-ce, dit le professeur? Une transaction impossible entre deux

---

[1] La séparation de l'homme et des animaux a été indiquée très-anciennement, principalement par Albert le Grand et un grand nombre d'auteurs antérieurs au xviii° siècle.

systèmes opposés et inconciliables, entre deux ordres d'idées qu'expriment nettement, dans la langue d'histoire naturelle, ces deux mots : le *règne humain* et la *famille* humaine. Une de ces conceptions prétendues de juste milieu qui, une fois bien comprises, ne satisfont personne, précisément parce qu'elles sont destinées à satisfaire tout le monde ; à demi vraies, peut-être, mais aussi à demi fausses ; et qu'est-ce, en science, qu'une demi-vérité, sinon une erreur ?

Laissons donc cet ordre de bimanes que l'autorité de deux grands maîtres n'a pu empêcher de vieillir et de tomber à son tour. Si bien que nous ne trouvons plus debout, sur les ruines de toutes les autres, que ces deux conceptions inverses, l'une purement zoologique, l'autre anthropologique et philosophique : la *famille humaine*, c'est-à-dire l'homme considéré dans les faits de son organisation et les phénomènes de sa vie ; l'*homme physique*, premier terme de la série animale que suit de près et que touche presque le second ; le *règne humain*, c'est-à-dire l'homme étudié dans sa double nature ; l'*homme tout entier*, couronnement, mais non partie intégrante du règne animal, au-dessus duquel il s'élève par l'intelligence, comme celui-ci par la sensibilité, au-dessus du règne végétal.

Nous verrons bientôt que si c'est par ses facultés propres que l'animal diffère du végétal, c'est de même par ses facultés intellectuelles et morales que l'homme forme un règne distinct du règne animal.

Rejetons donc l'expression de Cuvier : « Pour que chaque être puisse toujours se reconnaître, il faut qu'il porte son caractère avec lui. » C'est là du pur matérialisme. Si Cuvier et l'école positive n'ont pu, par la pure observation des faits matériels, distinguer les règnes végétal et animal, leur méthode est mauvaise, la nôtre, qui se fonde sur les facultés, est plus philosophique et plus exacte, comme nous le montrerons dans la prochaine leçon.

TROISIÈME LEÇON.

DES CARACTÈRES QUI DISTINGUENT L'HOMME DES ANIMAUX.

L'homme, a dit Blumenbach, est *bimane* ; le mot avait été créé par Buffon, comme nous l'avons déjà montré, pour distinguer l'homme du singe qui est quadrumane.

L'on donne donc pour caractère à l'homme l'existence de deux mains. Pour apprécier la valeur de ce caractère, il faut savoir ce que l'on doit entendre par une main.

Chez les carnassiers, les doigts des quatre membres se ressemblent tous en forme et en longueur, et ils sont compris dans les mêmes mouvements. Leur réunion forme une patte. Chez l'homme le membre supérieur est muni d'une main à doigts allongés, mobiles et à pouce opposable ; tandis que le membre inférieur repose sur un pied à doigts courts et très-peu mobiles. Dans le pied, il n'y a pas d'opposition possible d'un doigt aux autres. La préhension ne peut s'effectuer par cet organe, du moins dans les circonstances ordinaires où nous nous trouvons. La main, au contraire, peut saisir les objets de trois façons : 1° en opposant le pouce aux autres doigts ; 2° en l'opposant à la paume ; 3° en opposant les quatre doigts à la paume.

Cuvier, s'appuyant sur ces trois particularités de la main, a défini cet organe en disant que ce qui le caractérise, c'est essentiellement « la faculté d'opposer le pouce aux autres doigts pour saisir les plus petites choses [1]. » Cette définition est mauvaise, elle ne s'applique qu'à la main parfaite, celle de l'homme.

Or, l'expression de Buffon « les singes sont quadrumanes » est parfaitement juste ; elle ne le serait pas si l'on admettait complétement la caractéristique donnée par Cuvier. Chose remarquable, en partant de leurs prémisses, Cuvier et ses disciples sont parvenus au même résultat que Buffon ; mais, c'est en se contredisant eux-mêmes et démentant les définitions qu'ils venaient de poser.

Quant à nous, dit M. Geoffroy Saint-Hilaire,

[1] Cuvier, *Règne animal*, t. I, 1re édit., p. 78, 2e édit., p. 67.

nous conclurons comme eux, mais ce sera en partant d'autres prémisses.

Commençons par examiner les mains des singes, et voyons d'après leur composition quelle définition nous pourrons leur appliquer.

Les atèles ne présentent pas de pouce, ou du moins ce doigt est, chez eux, réduit à un simple tubercule; le colobe est dans le même cas; pourtant les deux singes que nous citons ont une véritable main et tous les auteurs le reconnaissent; mais fidèles à leur définition, ils regardent ces faits comme une exception confirmant la règle qu'ils ont posée; — cette exception s'étend à un trop grand nombre d'espèces, comme l'ont prouvé Et. Geoffroy Saint-Hilaire, MM. O'Gilby et Isidore Geoffroy Saint-Hilaire. Il résulte des observations de ces auteurs, que tous les singes de l'Amérique et beaucoup de ceux de l'ancien monde ont une main dépourvue de pouce.

Il faut donc abandonner la définition de Cuvier et en donner une beaucoup plus large : « La main est une extrémité pourvue de doigts allongés, profondément divisés, très-mobiles, très-flexibles et par suite susceptibles de saisir. »

Donc alors on peut dire que l'homme et bimane et le singe quadrumane.

Ce qu'il y a de plus remarquable ici, et ce qui sépare nettement notre espèce, c'est que dans les animaux qui sont immédiatement après elle, toutes les fois qu'il y a un défaut de conformation dans la patte, ce défaut existe aux membres antérieurs; c'est toujours l'extrémité postérieure qui est le mieux conformée en main. Nous pouvons citer parmi les singes : les atèles, les colobes, les ériodes, les ouistitis et tous les singes américains; dans les tardigrades, l'aye aye ; dans les marsupiaux, les didelphides, les phalangers, etc., etc.

La définition de Cuvier est encore jugée bien mauvaise quand on examine l'homme même. — On serait, d'après elle, porté à appeler main le pied de l'homme; car dans certaines circonstances le gros orteil du pied peut devenir opposable. Si cela n'a pas lieu ordinairement, c'est que nous ayons l'habitude d'emprisonner dès le jeune âge notre extrémité inférieure. Cette habitude empêche le gros orteil d'exécuter une foule de mouvements que les muscles propres dont il est muni lui rendraient si faciles[1].

Aussi, toutes les fois que la cause qui atrophie le

---

[1] Il y a en effet au pied un abducteur, un adducteur, un extenseur et deux fléchisseurs propres.

gros orteil disparaît, ce doigt est apte à une foule
d'usages; c'est avec lui que les bateliers de Kaching,
en Chine, tiennent la rame; dans quelques provin-
ces de cet empire les menuisiers tiennent les plan-
ches entre le gros orteil et les autres doigts. Au Sé-
négal il y a des nègres qui tissent avec le pied. En
Amérique plusieurs peuples s'en servent pour saisir l'étrier[1].

On a vu les Gaycurus lancer la *boule* indifférem-
ment de la main ou des pieds; les Carajas tissent
aussi en tenant le *partissoir* soit avec le pied soit
avec la main.

Un fait plus curieux a été observé par M. Emile
Deville; il a vu les Carajas se servir de leur pied
pour voler les voyageurs; pendant que ceux-ci, pré-
venus de leurs habitudes de vol, surveillaient leurs
mains, les indigènes introduisaient adroitement le
pied dans leurs poches et s'emparaient de petits objets et entre autres d'hameçons qu'ils enfouissaient
aussitôt sous la terre avec une *dextérité* incroyable.

Parfois certains hommes privés de bras se sont
servis avec beaucoup de bonheur de leur pied pour

---

[1] Bory Saint-Vincent avait affirmé que les résiniers landais se
servaient de leur pouce pour « récolter les lichens sur la cime
des arbres; » mais M. Richard (du Cantal), dans un récent voyage
fait dans ces pays, a vu que le fait était faux.

exécuter des travaux remarquables. Ainsi Thomas Schweiker, qui vivait au XVIe siècle, était dessinateur, sculpteur et surtout calligraphe renommé.

De nos jours, un peintre distingué montre par ses admirables travaux combien le génie s'inquiète peu du corps qu'il habite, et fier de sa mutilation, il signe toujours : « Ducornet, né sans bras[1]. »

Résumant tous ces faits, nous disons qu'il ne faut pas se laisser abuser par le mot pied jusqu'à l'assimiler à celui des animaux ; d'un autre côté, ne poussons pas l'exagération trop loin et ne disons pas, comme Morcati au XVIIIe siècle, que la station verticale vient de l'habitude que l'on a de se tenir sur les pieds.

[1] Ducornet est mort depuis la rédaction de cet article.

QUATRIÈME LEÇON.

SUITE DE LA LEÇON PRÉCÉDENTE.

L'attitude verticale de l'homme a été célébrée par beaucoup de poëtes anciens et modernes.

> Os homini sublime dedit, cœlumque tueri
> Jussit.....

a dit Ovide.

> L'homme élève un front noble et regarde les cieux,

a dit Louis Racine.

C'est une exagération permise aux poëtes, mais le naturaliste ne doit pas se contenter de cette demi-vérité; il doit établir les faits tels qu'ils sont, après un long et mûr examen.

Pourquoi donc Virey dit-il que, parmi les animaux, aucune espèce ne se tient debout excepté l'homme, et qu'ils ont *toujours* le corps à *peu près horizontalement placé*, ceux du moins qui sont « sy- » métriques ou formés de deux moitiés accolées se- » lon leur axe longitudinal, » ajoute Virey[1], qui cherche en vain à corriger par cette restriction une erreur si souvent reproduite.

Ce fait qu'il avance n'est pas exact; en effet le kanguroo, les gerboises, etc., se tiennent debout quelquefois mais non toujours, et de plus le mécanisme de cette attitude n'est pas le même que pour l'homme. Chez les oiseaux, ce caractère est exprimé d'une manière plus permanente, surtout chez les oiseaux d'eau, le pingouin, le manchot, etc.

Beaucoup plus près de l'homme, trouverions-nous cette attitude verticale, d'une manière permanente et fondée sur des caractères spéciaux? On l'admettait au xvııe siècle.

Buffon, dans la figure qu'il donne du jocko, lui attribue une attitude verticale; la figure est faite par Desève, mais il faut dire que celui-ci n'avait sous les yeux qu'un animal dressé, et qu'en outre il était fatalement entraîné par les idées du temps à prêter à l'animal l'attitude qu'on lui voit.

Bonnet dit aussi que l'*orang-outan* « marche tou-

---

[1] *Histoire naturelle du genre humain*, 2ᵉ édit., 1824, t. I, p. 25

jours comme l'homme, sur deux pieds, la tête levée. » Linné consacre aussi cette croyance[1]. »

Aujourd'hui, au contraire, on sait que plusieurs singes auxquels on prêtait l'attitude verticale, marchent appuyés sur leurs jambes et sur un de leurs bras dans une position oblique ; ils sont ainsi intermédiaires entre l'homme et les singes des trois dernières tribus et tous les mammifères à attitude horizontale. Il n'y a donc d'animaux à attitude verticale que loin de l'homme et parmi les espèces qui s'en éloignent considérablement par leur organisation ; dans celles par conséquent où l'attitude, si elle est semblable, résulte néanmoins de combinaisons anatomiques et mécaniques très-différentes.

Le caractère de l'*os sublime* et du *situs erectus*, comme le dit Blumembach, peut donc être regardé comme un caractère distinctif de notre espèce. « Il lui appartient en propre, tant qu'on ne compare l'homme qu'aux espèces animales qui lui sont organiquement comparables : celles qui composent l'ordre des primates et particulièrement la grande famille des singes. »

Cette attitude verticale est écrite dans toutes les

___

[1] *Fauna suecica*, 1746. Præfatio 3.

parties de notre organisation : il existe sous ce rapport une solidarité étroite entre toutes nos parties. Nous allons le prouver par plusieurs exemples :

1° Daubenton a fait un travail remarquable sur les proportions du crâne et de la face ; il dit que la tête de l'homme est en équilibre parce que le trou occipital est au centre, tandis qu'à mesure que l'on descend dans la série animale, on voit le trou se porter de plus en plus en arrière : il est donc impossible, dit-il, que les animaux puissent se tenir longtemps dans l'attitude verticale.

2° Les apophyses épineuses du cou sont courtes chez l'homme parce que notre tête a peu de tendance à tomber en avant ; il suffit d'un petit effort exercé par de petits muscles, pour la maintenir en équilibre ; aussi, ces muscles ont-ils besoin d'une faible surface d'insertion. —Ces apophyses doivent être, au contraire, énormes chez les autres animaux, pour permettre l'attache des forts ligaments élastiques.

3° Le bassin de l'homme est large et peu élevé ; l'articulation du fémur se fait par une tête inclinée à angle droit sur cet os, de sorte qu'il y a rejet de la jambe en dehors, ce qui élargit notre base de sustentation.

4° Un caractère qui explique bien que l'homme

est né pour la station bipède, c'est la différence entre ses membres inférieurs et supérieurs. — Tout est établi pour la rigidité dans les premiers, pour la mobilité dans les seconds.

Nous allons développer cette comparaison :

L'épaule et le bassin sont deux ceintures osseuses à l'aide desquelles les membres s'insèrent sur le tronc. Eh bien, la seconde de ces ceintures est fixée, immobile, et fait corps avec la colonne vertébrale, tandis que la première n'est ni soudée ni fixée. — L'omoplate n'adhère pas aux vertèbres ; elle est susceptible de mouvements. — La clavicule aussi est mobile.

Le membre inférieur s'articule au bassin par la tête du fémur, qui est globuleuse et pénètre dans la cavité cotyloïde creuse et profonde ; c'est là une condition de fixité et de solidité.

Au contraire, la tête de l'humérus est une calotte sphérique peu étendue, qui n'est qu'appliquée contre la cavité glénoïde ; celle-ci est peu profonde.

L'avant-bras est formé de deux os pouvant exécuter l'un sur l'autre un mouvement de rotation ; les doigts de la main sont très-longs, très-mobiles et très-flexibles.

La jambe, au contraire, se compose de deux os, mais ils sont solidement articulés ensemble en haut et en bas ; pour l'effet physiologique, c'est comme s'il n'y en avait qu'un, car ils conservent constamment leurs positions respectives. — Les doigts du pied sont petits, peu mobiles et rigides.

5° La poitrine de l'homme est plus étendue transversalement que dans son diamètre antéro-postérieur ; le contraire a lieu chez les autres animaux, de plus notre sternum est large : il est très-étroit chez les quadrupèdes.

Après le caractère de l'attitude verticale, nous pouvons placer celui-ci, relatif aux *téguments* de l'homme. On ne doit pas dire, comme plusieurs auteurs, que l'homme se distingue des animaux par sa nudité, car il aurait ce caractère de commun avec les cétacés, les rhinocéros, les batraciens, etc.

Le caractère véritable de l'homme, sous le rapport du tégument, c'est qu'il présente certains endroits dépourvus de poil, et d'autres plus circonscrits qui en sont couverts ; exemple, le périnée, le pubis, les aisselles, les joues, la tête. — De plus, les animaux sont généralement plus velus sur le dos, tandis que c'est le contraire pour l'homme.

Aristote expliquait ce fait en disant qu'en effet les parties les plus exposées aux influences atmosphériques devaient être les plus couvertes. Voilà pourquoi, disait-il, on trouve plus de poils sur notre tête et sur le dos des animaux.

Il nous reste à ajouter deux détails :

Les poils atteignent rarement, chez les animaux, la longueur qu'on leur voit acquérir chez l'homme. Citons les cheveux des femmes du midi de l'Europe et de la Chine, qui descendent quelquefois jusqu'aux malléoles, c'est-à-dire ont une longueur d'un mètre et quart et plus encore. Les poils les plus longs que l'on trouve chez les animaux, sont ceux du mouton d'Abyssinie, et M. Geoffroy Saint-Hilaire ne leur trouve, chez des individus de choix, qu'une longueur de 90 centimètres.

Le dernier fait relatif aux poils est la différence que présente le système pileux chez l'homme et la femme. Chez les oiseaux on trouve fréquemment, dans le mâle, des développements épidermiques manquant à la femelle. Rien de plus rare chez les mammifères. On ne peut citer que trois exemples de ce fait, ceux de la lionne et du grand phoque femelle qui sont dépourvus de crinière, celui de la femelle du nilgau, à laquelle il manque la cravate que porte le mâle. « C'est donc par une exception très-digne de remarque, que la femme ressemble, jusqu'à l'âge critique, à l'enfant complétement imberbe, et après l'âge critique à l'adolescent, au moment où la barbe commence à pousser. »

On trouve chez quelques singes des poils plus ou moins allongés, simulant une chevelure ou une barbe; mais il y a ici cette différence que la femelle nous les présente aussi bien que le mâle. — Par ces points cependant, le chimpanzé et l'orang se rapprochent plus de l'homme que des autres singes et indiquent l'affinité de la famille des singes avec ce que quelques auteurs ont appelé la *famille humaine*.

Un autre caractère est celui de l'égalité et de la contiguïté des dents. Dans les animaux, même chez les singes qui nous ressemblent le plus, la canine dépasse de beaucoup les autres dents et plonge dans un espace ou *barre* présenté par la mâchoire opposée. — Cette barre n'existe pas et ne doit pas exister chez l'homme, puisque la canine ne dépasse pas sensiblement le niveau de l'arcade dentaire.

CINQUIÈME LEÇON.

DES CARACTÈRES COMMUNS A L'HOMME ET AUX ANIMAUX.

Les caractères que nous venons de passer en revue isolent complétement l'homme des animaux. Ce sont des caractères nets, tranchés, absolus. Telle conformation existe chez l'homme, elle n'existe pas chez les animaux. C'est le *oui* chez le premier, le *non* chez les seconds.

Maintenant nous arrivons à des caractères qui sont communs à tous les animaux et à l'homme, mais que ce dernier présente beaucoup plus marqués. C'est une différence *de degré*, une différence *du plus* au *moins*.

Le premier de ces caractères est l'existence d'un visage (προσωπον) chez l'homme, et d'un museau (ρυγχος) chez les animaux.

Ce qui caractérise le visage, c'est qu'au delà de la ligne susorbitaire on trouve une partie de la face appelée *front*, et au-dessous de la lèvre inférieure, un prolongement appelé *menton*.

Le menton est très-développé chez l'homme; il existe à peine chez l'orang-outan; mais il est nul chez les autres singes. Chez ces animaux, à partir de la lèvre inférieure la face va en fuyant.

Mais ce caractère, tiré du développement plus ou moins grand du menton, a peu d'importance comme caractère différentiel de notre espèce d'avec les autres espèces animales.

Au contraire, le front va nous offrir des différences remarquables et très-importantes.

D'abord il se présente ici une première question. Le front n'existe-t-il que chez l'homme? La réponse est négative. En effet, lorsqu'on examine des têtes de divers singes, surtout dans leur jeune âge, on trouve que la partie antérieure et supérieure de leur crâne est globuleuse, arrondie.

Le front existe surtout chez les singes de la première tribu, tels que le gorille, le chimpanzé, etc.; mais on le retrouve aussi dans la seconde, et on le voit surtout très-saillant et très-analogue (sous ce rapport) à celui de l'homme, dans la troisième tribu, chez le petit singe appelé saïmiri.

Cette première question étant résolue, posons immédiatement la seconde.

Le front de l'homme est-il, toutes proportions gardées, fait de la même manière que celui des quelques singes que nous avons signalés?

Cela n'est pas. On remarque dans le front du singe une saillie médiane, et de chaque côté une dépression ; le front présente pour ainsi dire une sorte de biseau à pointe antérieure. Chez l'homme, au contraire, le front est véritablement saillant, et cette saillie est surtout très-marquée aux deux extrémités dans les points appelés bosses frontales, si bien qu'il y a au milieu une sorte de dépression.

On voit donc que sous ce rapport le front de l'homme est essentiellement différent de celui du singe.

Quelle est la cause de cette différence! — Il faut la chercher dans la disposition du cerveau.

En effet, dit M. Geoffroy Saint-Hilaire, tandis que, chez l'homme, la plus grande saillie du front existe latéralement aux points qui, à droite et à gauche, correspondent aux extrémités antérieures des hémisphères cérébraux, la saillie frontale correspond, chez les singes, non aux hémisphères eux-mêmes, mais à l'intervalle qui les sépare en avant et à la faux du cerveau La dépression latérale du front de ces animaux est due à ce que leurs hémisphères cérébraux sont très-peu développés.

La différence entre notre front et celui des singes se rattache donc à de grandes considérations d'organisation.

Nous arrivons à un grand caractère ostéologique, qui a beaucoup occupé les naturalistes au xviiie siècle.

Blumenbach disait que la tête d'un animal se terminait en avant par un os particulier portant les incisives et appelé intermaxillaire, tandis que l'homme ne présentait pas une telle pièce.

Ces idées étaient admises lorsque, vers la fin du xviiie siècle, le célèbre Gœthe, aidé du raisonnement, en vint à soupçonner l'existence de cet os chez l'homme.

Il ne pouvait comprendre, disait-il, son absence chez nous, puisque notre mâchoire présentait les mêmes particularités que celle des singes. A force de recherches patientes, il vérifia par l'observation les résultats que son raisonnement lui faisait prévoir, et il reconnut que l'os intermaxillaire se trouvait chez l'homme. Il examina des fœtus et des enfants excessivement jeunes, et c'est là qu'il put vérifier le fait ; il vit que cet os se soudait aux os voisins à mesure que l'enfant grandissait.

Il réunit ses recherches dans un mémoire qu'il

s'empressa d'envoyer à Camper. Celui-ci ne s'occupa guère du travail de Gœthe ; il se contenta de féliciter l'auteur sur le *format et l'écriture*. C'est une des causes qui ont détourné celui-ci de l'étude des sciences et l'ont fait se lancer dans la poésie. N'étant pas encouragé par ses maîtres, il a laissé inédit jusqu'en 1817 ce travail écrit en 1785 de la même main immortelle qui devait plus tard écrire le *Faust* et *Werther*.

La même année que Gœthe, Vicq-d'Azyr, notre célèbre compatriote, trouva par hasard chez l'homme l'os intermaxillaire, et, partant de cette découverte, il s'éleva aux plus hautes considérations sur l'unité de composition.

Ce fait, que l'on a souvent nié, a été vérifié depuis par plusieurs auteurs, et entre autres par Tyson. Il n'est pas possible de le mettre en doute aujourd'hui.

Jusqu'à Camper, on disait que ce qui distingue l'homme de la bête, c'est le développement plus grand du crâne comparé à celui de la face ; mais on n'appréciait pas ce caractère par des mesures exactes.

Camper, dessinateur fort habile en même temps

que sculpteur distingué et savant anatomiste, chercha à exprimer géométriquement cette différence de volume.

De toutes les considérations auxquelles il eut recours, une seule a fait fortune, celle de la *ligne faciale* [1].

Il nomme ainsi une ligne tangente au front et à la racine des incisives inférieures.

Il prend aussi une ligne qu'il appelle *horizontale*.

Voici comment on la trace. On mène une ligne qui joint les deux trous auditifs, on en prend le milieu, et c'est de ce point que l'on fait partir la ligne horizontale pour lui faire couper la faciale à la racine des incisives. De cette manière se forme ce que nous appelons l'*angle facial*.

On comprend qu'à mesure que le front fuit, l'angle diminue, et l'on peut alors, par ce moyen, comparer plusieurs têtes différentes.

Voici quelques résultats auxquels on est arrivé.

Chez des têtes de choix de notre race, Camper, Cuvier et Et. Geoffroy Saint-Hilaire ont trouvé un angle de 85°; mais en moyenne notre race possède un angle de 82°.

L'angle facial de la race nègre est de 70°.

---

[1] Camper ne se sert jamais du mot angle facial.

Chez les Makoias, peuplade noire de l'Afrique australe, il est même de 63° 3/4 ou 64.

Ajoutons qu'entre ces deux nombres extrêmes il y a tous les intermédiaires.

Voyons les mesures obtenues chez les animaux. Le mandrille, le cynocéphale ont un angle facial de 30°, — le magot, le macaque, un de 40 ou 50°, — le gibbon, le semnopithèque, un de 60°, — l'angle facial de l'orang-outan jeune est de 63°, mais celui de l'adulte n'est que de 35°. Chez le saïmiri, on trouve l'angle facial de 65°, comme certaines races de l'espèce humaine.

Cette grande ouverture de l'angle facial chez le saïmiri doit nous faire prévoir, chez ces singes, une grande intelligence. Le fait a été vérifié par M. de Humboldt ; il a vu que ces petits animaux distinguaient parfaitement, sur un dessin non colorié, un insecte dangereux d'un insecte inoffensif. D'un autre côté, les Makoias, malgré la petitesse de leur angle facial, sont néanmoins remarquables par leur intelligence (Verreaux). Cela va un peu à l'encontre des idées phrénologiques !

Pénétrons maintenant dans la voûte du crâne, et comparons le cerveau de l'homme à celui des autres animaux.

On regarde ordinairement comme caractères distinctifs de notre espèce le volume considérable de l'encéphale, le nombre des circonvolutions, leur profondeur, l'étendue considérable des corps calleux.

Nous allons poser avec plus d'exactitude tous ces faits.

D'abord l'homme n'a pas l'encéphale le plus volumineux. Considéré d'une manière absolue, cet encéphale est plus petit que celui de l'éléphant et de quelques autres animaux. — Appréciés par rapport au volume du corps, voici les mesures que nous ont donné quelques cerveaux. Chez l'homme, le volume de l'encéphale est à celui du corps comme $1:22:25:30:85$. Chez le saïmiri, le rapport est :: $1:22$. Chez quelques oiseaux :: $1:20::8:16:12$. Ce dernier chiffre nous est fourni par la mésange.

Ce qu'il y a de vrai, c'est que les lobes antérieurs sont plus volumineux chez l'homme que chez tous les autres animaux; chez les singes ils sont déjà très-affaissés. Disons qu'on peut appliquer la même remarque aux lobes postérieurs. Plus le cerveau est développé en arrière, plus il recouvre le cervelet. Chez l'homme, cette superposition a lieu exactement; chez les singes il en est de même. Mais chez les autres animaux on voit le cervelet à nu.

Passons au caractère tiré des circonvolutions.

L'homme a, il est vrai, beaucoup de circonvolutions, mais on trouve déjà celles-ci en grand nombre chez le chimpanzé et quelques singes; chez d'autres de la première tribu, elles sont moins abondantes en arrière. On voit donc que les espèces qui se rapprochent le plus de l'homme par l'ensemble de leur organisation, s'en écartent le plus à ce point de vue. Mais nous n'allons pas jusqu'à dire, comme Bory de Saint-Vincent, qu'on ne trouve pas du cerveau de l'orang-outan à celui de l'homme des différences « plus essentielles que celles qui existent entre les mêmes parties chez divers individus de notre espèce. » Bory croit déduire cette conséquence des belles recherches de Tiedemann sur l'encéphale de l'orang. L'anatomiste allemand indique seulement que le cerveau de l'orang s'éloigne de celui de la plupart des singes et se rapproche de celui de l'homme par cinq caractères qui existent réellement, mais que l'on a souvent défigurés en citant l'ouvrage de Tiedemann.

Chez les singes de la deuxième tribu nous trouvons qu'il n'y a que quelques circonvolutions *Cepropithéciens ;* exemple, magot).

Dans la troisième tribu, celle des Cebiens, elles sont encore plus rares.

Un pas de plus et nous arrivons à la quatrième tribu, celle des Hapaliens; nous nous attendrions à n'y voir qu'une diminution dans la richesse des circonvolutions; ce résultat est même dépassé; les circonvolutions sont nulles. Il n'y a, sur le cerveau du ouistiti, que le sillon qui sépare les lobes antérieur et moyen.

On voit donc que si l'on prenait les circonvolutions pour base d'une classification, on diviserait les singes en deux groupes, l'un contenant l'homme et les singes à circonvolutions, l'autre renfermant les singes à cerveau lisse.

L'exemple des ouistitis nous fait voir en passant, que ces animaux, placés très-bas sous le rapport de leurs circonvolutions, sont supérieurs aux autres singes au point de vue de leurs lobes cérébraux. Ce singe dépasse même l'homme par une particularité remarquable qu'il présente; non-seulement son cerveau recouvre immédiatement le cervelet comme chez nous, mais il va au delà.

On a cru trouver dans la présence des *cils* un caractère distinctif de l'homme, on a eu tort, car, outre que l'on voit ces poils chez quelques singes, on les retrouve chez des animaux éloignés de notre espèce, tels que les pachydermes, ruminants, etc.

Un autre caractère, tiré de la présence de la membrane *hymen*, n'est pas plus admissible. Cuvier a trouvé cette membrane chez plusieurs mammifères.

Enfin le phénomène de la menstruation n'est pas même un indice de notre supériorité, on le retrouve, quoique moins régulier, chez les singes.

—————

SIXIÈME LEÇON.

Après avoir passé en revue les caractères qui différencient l'homme des animaux, nous allons étudier ceux qui lui sont communs avec eux, et nous commencerons par les caractères qu'il partage avec le plus petit nombre.

1° La saillie nasale n'existe que chez l'homme et chez un autre singe, le nasique, et il est à remarquer que c'est chez un animal fort éloigné de l'homme sous tant de rapports, et qu'en outre, ici, le nez est bien plus grand, proportions gardées, que chez les races les plus élevées de notre espèce.

2° L'homme ressemble au troglodyte et au gorille par la forme de ses ongles ; ces animaux ont, comme lui, le dos des ongles tout à fait plat, tandis que tous les autres singes ont les ongles en gouttières. — On a eu tort de dire que ce dernier caractère appartenait à tous les singes et les distinguait d'avec l'homme.

3° Il y a huit os du carpe chez le troglodyte et le gorille comme chez l'homme.

4° Chez le gorille, le troglodyte et l'orang-outan, on trouve une oreille qui présente à peu près les mêmes détails de structure que l'oreille de l'homme.

5° La longueur des sternums, des os scapulaire et iliaque, ainsi que la prédominance du diamètre transversal de la poitrine sur le diamètre antéro-postérieur, est un caractère commun à l'homme et aux singes de la première tribu.

6° Le cæcum et l'appendice vermiculaire existent chez les troglodytes (Daubenton), l'orang-outan et le gibbon (Cuvier), et sont à peu près comme chez nous. Il est probable que le gorille présentera le même fait lorsqu'on l'aura disséqué.

7° On trouve chez les singes précédents, et l'on peut aussi ajouter chez quelques singes américains, la disposition curieuse des poils sur les bras de l'homme; les poils se dirigent en descendant de l'épaule vers le coude; ils remontent de la main vers le coude. Chez les autres mammifères on voit au contraire que tous les poils vont en descendant de l'épaule vers la main.

8° La similitude de l'homme avec les animaux, s'étend à un plus grand nombre de genres lorsqu'on arrive à la queue, ou plutôt à l'état rudimentaire de la queue. On trouve ce caractère d'abord chez tous les singes de la première tribu, et encore chez le magot et le cynopithèque; cependant, chez ces derniers, le coccyx n'est pas retourné en avant et les vertèbres qui le composent ne sont pas soudées comme on le voit chez l'homme.

Il est une circonstance qui pourrait modifier ce rapprochement que nous faisons ici; c'est l'existence, non vérifiée il est vrai, mais fort probable, d'hommes à queue vivant en Afrique et désignés sous le nom de *Ghilanes* ou *Niams-Niams*; nous en parlerons à propos des races humaines.

9° Toujours en suivant cette échelle ascendante, nous arrivons à un caractère très-important, c'est celui des dents; on l'a souvent négligé ou du moins dénaturé. Voici ce qu'il y a de plus exact à ce sujet.

L'homme nous présente, pour son système dentaire, la composition suivante : A chaque mâchoire, de chaque côté, deux incisives, une canine, deux petites molaires et trois grandes molaires, ce qui fait huit dents ; en multipliant, on a le nombre 32, qui est celui des dents de l'homme. Cette composition peut être indiquée par la formule.

$$4 (2\ I + C + 2 + 3\ M = 32\ D,)$$

Or voici quelles sont les formules dentaires de diverses tribus de singes.

Tribu I.	SIMIENS	$4 (2\ I + C + 2\ m + 3\ M) = 32\ D$
Tribu II.	CYNOPITHÉCIENS	
Tribu III.	CÉBIENS	$4 (2\ I + C + 3\ m + 3\ M) = 36\ D$
Tribu IV.	HAPALIENS	$4 (2\ I + C + 3\ m + 2\ M) = 32\ D$

On voit par ce tableau que l'homme ressemble :

A tous les singes par le nombre des incisives et des canines ;

Aux trois premières tribus, en outre, par le nombre de leurs grandes molaires ;

Aux première, seconde, quatrième tribu par le nombre absolu des dents ;

Aux deux premières tribus par le nombre et la composition des dents.

Nous avons déjà vu que l'homme se distinguait

des animaux par l'égale hauteur des dents, tout en faisant remarquer que les canines dépassaient chez lui, mais d'une manière peu sensible, le niveau des autres dents. De plus, nous avons montré que toutes les dents de l'homme étaient implantées verticalement. Ces caractères se retrouvent à un degré presque égal chez presque tous les singes, excepté les derniers groupes des trois dernières tribus, chez lesquels on observe quelques différences. Remarquons que la dernière grande molaire représente chez l'homme quatre tubercules, et chez la plupart des singes, cinq.

10° Buffon avait observé que chez les singes qui ont la même formule dentaire que l'homme, les narines sont comme celles de l'homme, arrondies et placées à la partie inférieure du nez, tandis que chez les autres elles sont latérales et allongées.

11° Chez tous les singes, comme chez l'homme, les yeux sont placés à la partie antérieure de la tête.

De plus, chez eux, les yeux sont logés dans des orbites entièrement closes. Ce dernier caractère disparaît lorsqu'on passe aux lémuridés ; en effet, tandis que chez tous les singes et l'homme la cloi-

son orbito-temporale forme un seul os, on voit
que, chez les luméridés, cette cloison n'existe qu'en
avant.

12° Nous passons maintenant à l'étude de l'encéphale considéré sous le point de vue que nous trai-
tons ici, et c'est là que se trouvent les plus grandes
ressemblances de l'homme avec les singes.

D'abord le cerveau a la forme ovalaire, chez
l'homme et les singes des deux premières tribus ;
il est, au contraire, elliptique chez tous les singes
américains.

Comme l'homme, les trois premières tribus nous
présentent des circonvolutions et la division en trois
lobes. Enfin, chez tous les singes, on remarque le
développement assez considérable de la partie postérieure du cerveau, c'est-à-dire que celui-ci peut
recouvrir le cervelet, ce qu'on ne revoit plus chez
les lémuridés. On voit donc que chez ceux-ci le cervelet est *postérieur*, tandis que chez l'homme et
les singes il est *inférieur*.

Il y a même ici un fait remarquable, c'est que
précisément dans la quatrième tribu des singes,
renfermant ceux qui n'ont pas de circonvolutions
cérébrales, on trouve un caractère humain exagéré ;
le cerveau non-seulement recouvre le cervelet, mais

encore le dépasse d'un cinquième environ de la longueur totale de l'encéphale.

On voit donc par cet exemple, dit M. Geoffroy Saint-Hilaire, que « non-seulement par un grand nombre de caractères tant intérieurs qu'extérieurs, l'organisation humaine répète, exactement ou avec de très-légères variations, celle de la première famille des quadrumanes ; mais que dans la série commune où, *par ces caractères*, l'homme prend place avec un plus ou moins grand nombre d'animaux, il n'occupe pas toujours et partout le rang le plus élevé. Si l'homme devait être rangé parmi les animaux, il ne serait même pas à tous les points de vue le premier d'entre eux ! »

Nous venons donc de voir les ressemblances que l'homme présente avec un grand nombre d'animaux. Cette similitude, nous ne l'appellerons pas *humiliante* comme Buffon, quoique Ennius ait déjà dit :

Simia quam similis turpissima bestia nobis !

Non, elle n'est pas humiliante, et de plus elle ne vient pas, comme on l'a craint, donner un appui aux doctrines matérialistes. C'est une des preuves les plus éclatantes en faveur de la supériorité marquée de l'homme sur les animaux; — supériorité intellectuelle, morale, raisonnable.

C'est ici surtout que les idées sur lesquelles nous avons fondé la distinction des règnes entre eux nous sont utiles. Car elles montrent que la distinction du règne humain se peut baser sur des facultés et non sur des faits matériels.

Bossuet n'a-t-il pas prononcé ces remarquables paroles : Si « les organes sont *communs entre les hommes et les bêtes*, il faudrait conclure nécessairement que l'intelligence n'est pas attachée aux organes, qu'elle dépend d'un autre principe, et que Dieu dans les *mêmes apparences a pu cacher divers trésors.* »

Nous avons dit qu'il n'y a que deux manières de classer l'homme, en faire une *famille humaine*, ou *un règne humain*. Nous rejetons la première, parce que nous laissons de côté les caractères tirés de la conformation de l'être.

« C'est, dit M. Geoffroy Saint-Hilaire, par ses *facultés* propres, qui ne s'éteignent qu'où cesse l'animal, et seulement par elles que l'animal diffère essentiellement du végétal, et s'élève jusqu'à constituer au-dessus de lui un règne distinct : c'est de même par des *facultés* incomparablement plus hautes encore, par les *facultés intellectuelles et morales*, ajoutées à la *faculté* de sentir et à la *faculté de se mouvoir*, que l'homme se sépare à son tour du règne animal, et constitue au-dessus de lui la division suprême de la nature, le règne humain.

En un mot, la plante *vit*, l'animal vit et sent, l'homme vit, sent et *pense*. »

SEPTIÈME LEÇON.

DES DIFFÉRENTES RACES HUMAINES.

Nous arrivons maintenant à considérer l'homme dans les différences qu'il nous présente, question difficile, mais aussi question importante, question capitale.

La distinction des différentes variétés de notre espèce pourrait nous sembler, au premier aspect, une des parties les plus parfaites de nos connaissances, car des études longues, antérieures, ne sont pas nécessaires ici comme pour la connaissance du règne animal. Il semble que tout homme intelligent qui voyage peut rapporter des notions exactes sur les hommes qu'il a observés, aidé surtout, comme il l'est aujourd'hui, des secours que fournissent le daguerréotype, la moulure, le dessin.

Cette étude semble à la portée de tout le monde, et c'est précisément cette apparence de facilité qui

a encombré la science d'une foule de faits inutiles
ou faux.

On se laisse entraîner à des erreurs d'observations, on accepte facilement les récits des naturels,
et, en outre, on est porté soi-même à exagérer ce
qu'on a vu. Le merveilleux intervient toujours dans
la relation d'un voyage.

Pour n'en citer qu'un exemple tiré de la taille :
on mesure le plus grand Patagon, sauf à mesurer
plus tard le plus petit des Lapons, afin de rendre
plus saillante l'opposition entre ces deux races extrêmes.

Nous sommes donc obligés, avant d'aborder les
faits anthropologiques ou *ethnologiques*, d'éliminer
trois catégories de faits :

1° *Les faits fabuleux.* — Les contes des voyageurs contiennent des erreurs acceptées de bonne
foi, et dont on a fait quelquefois justice. Remarquons cependant que les témoignages des voyageurs sur des faits absurdes ont été si nombreux,
que les esprits les plus lucides ont même été entraî-
nés. C'est ainsi qu'Aristote a admis des peuples an-
drogynes. On s'étonne moins, après cela, que Pline
et quelques auteurs du moyen âge aient admis des
hommes sans tête, sans bouche, ou ayant le visage
au milieu de la poitrine.

Le naturaliste qui a le premier renversé toutes ces fables, et a fait rentrer l'anthropologie dans ses limites légitimes, c'est Buffon,

Aujourd'hui, que l'on prenne garde de tomber dans un excès contraire, de passer de la crédulité la plus confiante au scepticisme le plus absolu, et de rejeter trop facilement des faits qui choqueraient les idées reçues.

Ceci peut s'appliquer aux peuples d'Afrique pourvus d'un prolongement caudal.

On a ri longtemps d'une telle assertion, et l'on avait un peu raison, d'autant plus que les premiers voyageurs qui l'ont accréditée la donnaient avec peu de garantie d'authenticité. Ducourret disait, par exemple que la queue partait du centre du sacrum, ce qui est une chose vraiment inadmissible !

M. de Castelnau étant, il y a quelques années, consul de France à Bahia, où l'on transportait beaucoup de nègres pour la traite, eut l'idée de les interroger pour faire, à l'aide de leurs renseignements, une géographie assez grossière, il est vrai, de l'intérieur de l'Afrique. Par eux, il apprit, pour la première fois, qu'il existait des hommes à queue dans la région moyenne et occidentale de l'Afrique.

C'était, d'après les récits des nègres, un peuple terrible, anthropophage, que l'on massacrait tou jours lorsqu'on le pouvait, sans faire un seul prisonnier.

Ce témoignage a paru à M. Geoffroy Saint-Hilaire avoir beaucoup de valeur. Depuis ce temps il a vu, à Paris, le fils du sultan du Fedzan, lequel a fait la guerre en Afrique. Il a donné à M. Geoffroy un dessin de ces hommes à queue, et cette figure s'accorde avec tous les renseignements qu'a obtenus M. de Castelnau.

Le professeur dit qu'il ne conclut pas, tant s'en faut, à l'existence des hommes à queue, mais il croit qu'il y a lieu d'examiner la question[1].

2° *Faits tératologiques*. — Buffon s'est lui-même laissé prendre aux faits que nous allons examiner. Il s'agit de ces hommes que l'on désigne sous le nom d'*Albinos*. Ce sont des individus à peau très-claire, existant dans les divers pays, mais remarqués surtout dans les régions où la peau est plus colorée, parce que là le contraste est plus frappant.

Comme ils vivent isolés, opprimés par certains peuples, vénérés par d'autres, les voyageurs devaient en conclure que c'est une race à part, peut-être un peuple ancien dont il ne resterait que des membres dispersés.

---

[1] Voir la cinquième étude de ce volume.

Ce qu'il y a de vrai, c'est que ce sont des hommes chez lesquels le *pigmentum*, ou matière colorante de la peau, ne s'est pas déposé dans ce tissu, ni dans ceux qui en dépendent. — Or, le pigmentum n'existant pas à la face postérieure de l'iris, cette membrane n'est plus, comme chez nous, un diaphragme opaque percé seulement au centre de l'ouverture pupillaire, et les rayons lumineux, au lieu de pénétrer dans l'œil dans une certaine mesure, entrent par tous les points de la pupille; l'œil semble inondé de lumière et paraît blanc; — de plus, la lumière du jour blesse les yeux des Albinos et ils n'osent sortir que la nuit. — Chez des peuples où tout le mérite est d'être chasseur ou guerrier, ces Albinos sont regardés comme des êtres inférieurs et obligés de se cacher dans les cavernes. Ailleurs, on les regarde comme des êtres supérieurs; ils sont respectés et nourris dans les temples aux frais de la nation.

3° *Faits pathologiques*. — Les naturalistes de notre siècle se sont beaucoup occupés des faits dont nous allons parler, mais ils ne faisaient que continuer des discussions déjà entamées au temps d'Hippocrate et reprises au moyen âge par Cardon.

On trouve en Bolivie des crânes humains remarquables par leur forme; il n'y a pas de front. De même que chez les animaux, la ligne sus-orbitaire est la limite supérieure de la tête qui, à partir des yeux, fuit considérablement. Ce peuple s'appelle les *Aimaras*.

Buffon aussi a parlé de la tête des Caraïbes. Il y a là un fait analogue au précédent, avec cette seule différence que la tête est plus élargie.

Quel sens attacher à cette déformation ?

Il s'est trouvé dans notre siècle des auteurs qui ont dit que ces têtes, trouvées principalement dans le continent américain, étaient réellement celles de peuples ayant habité fort anciennement ces terres. Ces habitants primitifs de l'Amérique y auraient été remplacés par ceux qui s'y trouvent actuellement et qui viennent de Tartarie et de Chine[1].

Une des raisons qui ont conduit à ces explications, c'est qu'on a trouvé une multitude de têtes de cette forme placées dans un même lieu et enfouies dans des tombeaux remarquables par leur architecture ; cela même a engagé les phrénologistes à chercher sur ces crânes la bosse de la *constructivité*, et ils l'y ont trouvée !

Les choses en étaient là, lorsque la vérité s'est

[1] Cette dernière hypothèse est assez probable.

présentée dans toute sa simplicité ; on a vu que ces têtes s'étaient produites et se produisaient encore de nos jours dans notre pays même.

On a d'abord remarqué qu'il fallait beaucoup retrancher de l'explication que nous avons signalée plus haut, parce que des crânes analogues à ceux des Caraïbes se trouvaient au Muséum d'histoire naturelle, et avaient été recueillis sur des champs de bataille fort anciens ; Hippocrate même avait parlé de têtes semblables.

La démonstration de la vérité à ce sujet, vérité que nous allons exposer, est due à M. Foville, célèbre par ses travaux sur l'encéphale humain, et qui a été directeur du Dépôt des aliénés à Rouen. Il a vu dans ce dernier établissement, et surtout dans la division des femmes, beaucoup de déformations de têtes analogues à celles que nous présentent les caraïbes. Il prit des renseignements et apprit que ces formes anormales étaient dues à un usage fort répandu en Normandie, usage déplorable contre lequel on ne saurait trop s'élever. Le voici : lorsque l'enfant est né, pour maintenir sa tête et afin d'empêcher le chevauchement des os qui sont mobiles à cette époque, on place autour du crâne un bandeau qui fait deux tours. De cette manière les os sont maintenus dans une position anormale, et c'est ainsi disposés qu'ils s'ossifient complétement.

On a remarqué que cette déformation était plus fréquente chez les femmes que chez les hommes. La raison en est simple. C'est que les petits garçons, sitôt qu'ils peuvent courir, veulent avoir la tête nue et se débarrassent des linges incommodes qui entourent leur tête. Les petites filles, au contraire, peuvent garder ces bandages sous leur bonnet pendant plusieurs années.

Cette explication que nous avons donnée pour la déformation des crânes de Normandie peut-elle être appliquée à celle des crânes des *Aïmaras?* Oui, car si on les examine bien, on aperçoit d'abord leur irrégularité et ensuite la place où a été mis le bandeau.

On voit donc que l'analogie suffirait pour expliquer ces faits. Maintenant qu'on lise les récits des voyageurs qui ont parcouru l'Amérique et on verra qu'aujourd'hui encore les *Caraïbes* et les *Aïmaras* compriment la tête des enfants, tantôt par des bandelettes, tantôt par de petites planchettes de bois ; ces peuples se faisant des idées bizarres de la beauté[1],

---

[1] Cela rappelle les Chinois qui regardent comme une beauté la petitesse du pied, et qui, pour l'obtenir, condamnent la femme à une infirmité affreuse.

donnent à la tête les formes les plus variées. Il y a des peuples dont parle La Condamine, et qui font toujours à leurs enfants une tête ronde, afin qu'elle ait la forme de la lune. Les *Aimaras*, au contraire, veulent la tête longue.

Dans le livre *De Victu* de la collection hippocratique, l'auteur dit que chez certains peuples qui déforment leur tête, on voit, à la longue, se manifester une tendance à ce que celle-ci présente, au moment de la naissance, la déformation de la tête des parents. On n'a jamais observé de faits semblables. Cependant Cardan a répété la même assertion.

Les faits pathologiques que nous avons énumérés se trouvent ailleurs qu'en Normandie : M. Lunier les a observés dans les *Deux-Sèvres*. Un des auditeurs des cours de M. Geoffroy Saint-Hilaire lui apprit, il y a quelques années, que des faits analogues existaient dans les environs de Toulouse, et il lui a même envoyé le portrait d'une femme dont la tête était démesurément allongée et qui vivait encore avec cette déformation.

Ici se présente une question tout humanitaire.

Que produisent ces usages de comprimer la tête des enfants ? bien souvent l'idiotisme, plus souvent l'épilepsie ; rarement la déformation n'a pas de suites graves. Aussi il est temps de remédier à ces

maux et d'empêcher, par tous les moyens possibles,
les populations ignorantes de persévérer dans leurs
funestes habitudes.

Ayant éliminé maintenant les faits fabuleux, té-
ralogiques et pathologiques, il nous reste à nous
engager dans le dédale immense des faits anthropologiques.

Dans notre race, la race *caucasienne*, il y a une
prédominance considérable du crâne sur la face ;
on a dit souvent qu'elle était très-supérieure aux
autres ; il s'agit de bien déterminer cette supériorité. Elle repose sur les facultés intellectuelles : en
effet, Cuvier dit que c'est dans les rameaux de cette
race qu'on a vu, à diverses époques, se développer
tous les grands efforts de l'esprit humain, excepté
les inventions immédiatement pratiques que l'on a
vu toujours être le domaine de la race mongole.
Trouverons-nous quelque chose de visible qui
indiquera cette supériorité ? Oui, c'est la prédominance du cerveau, c'est-à-dire l'exagération au plus
haut degré dans notre race du caractère humain
par excellence. Si c'est le signe de la supériorité,
on devra donc trouver et on trouvera dans les
races inférieures une moins grande prédominance

du crâne sur la face, mais cependant on n'arrivera
jamais à une race où cette prédominance sera nulle,
même chez le Makoïa.

Le développement de la face, en opposition avec
celui du crâne, peut se faire de deux manières, par
l'allongement de la face en avant, comme chez les
Makoïas, et par son élargissement comme chez les
Chinois, Hottentots, etc.

Pritchard, dans son livre sur les races humaines,
livre fort bien fait, quoique parfois léger dans les
conclusions, émet une vue qui, dans son ensemble,
est juste et remarquable ; cependant hâtons-nous
de dire qu'elle n'est pas reconnue vraie.

L'auteur anglais dit que les peuples où il y a
allongement de la face, sont généralement les derniers, sous le rapport de la civilisation, ou plutôt
sont des peuples complétement sauvages ; ils vivent
presque tous de chasse et de pêche. Nous pouvons
appuyer cette observation d'une autre qui est fort
ingénieuse et qui a été faite par M. Gustave d'Eichtal sur les Foullahs[1], peuple à peau rougeâtre et
très-intelligent, que l'on trouve répandu par petits
groupes dans l'intérieur de l'Afrique et non-seule-

---

[1] *Mémoires de la Société ethnologique.* Paris, 1842, t. I, 1re partie, p. 1-294.

ment dans les parties tout à fait centrales, mais encore un peu à l'est et à l'ouest. M. d'Eichtal a observé que toutes les fois que dans les récits de voyageurs ayant pénétré dans l'intérieur de l'Afrique, il est question de troupeaux de bœufs et de moutons bien soignés et bien conduits, on peut être sûr de trouver à la page précédente ou à la page suivante le nom des Foullahs.

Pritchard a vu, en outre, que chez les peuples remarquables par la largeur de leur face, dominent en général les habitudes nomades; il cite comme exemple les Tartares.

Chez les autres races qui n'ont pas la face allongée, on observe que les facultés intellectuelles sont d'autant plus supérieures que le crâne l'emporte par son développement sur la face.

Après ces caractères de la tête, il faut ajouter ceux relatifs à la saillie nasale, à la station, aux muscles des mollets qui sont plus développés chez les races supérieures. Seulement il ne faut pas donner trop d'importance au caractère du développement de ces muscles, parce que les jambes maigres et grêles se trouvent en général chez les peuples mal nourris et amaigris. On a dit à ce sujet quelque chose d'inexact, c'est que le mollet était plus haut placé chez le nègre que chez le blanc.

HUITIÈME LEÇON.

DE LA CLASSIFICATION DES RACES HUMAINES.

A l'époque ou Linné écrivit son *Systema naturæ*, on n'avait que peu de renseignements à ce sujet. Linné n'a donné que des indications sur les races humaines; comme de son temps on ne connaissait que quatre parties du monde, il n'admet que quatre races : l'européenne, l'asiatique, l'africaine, l'américaine. Il dit que la première est blanche, la seconde jaune, la troisième rougeâtre, la quatrième noire.

Après lui on découvrit en Océanie une race nouvelle que les continuateurs de Linné appelèrent *race brune*.

Puis intervint l'illustre naturaliste qui est avec Buffon le père de l'anthropologie, nous voulons parler de Blumenbach. Il adopta au fond la classification de Linné, mais il vit que la race blanche occupe plus d'espace en Asie qu'en Europe et qu'on la trouve aussi en Amérique ; il changea son nom d'européenne en celui de *caucasique*, parce qu'elle était partie du mont Caucase, trouvant en effet sur ces montagnes les types les plus parfaits de notre race. Quant à l'asiatique de Linné, il l'appela *mongolique* ; l'africaine, *éthiopique*. Il supprima la race brune et établit la race *malaie*, qui habite la Malaisie et qui est jaune.

Il donne pour caractère à la race caucasique le développement du front, la brièveté de la face, le peu de saillie des pommettes, la rectitude et la saillie du nez ;

A la race mongolique les pommettes larges, le nez déprimé, les lèvres un peu épaisses, les cheveux lisses ;

A la race éthiopique les cheveux crépus, les pommettes saillantes, les lèvres épaisses, le front déprimé, la face allongée.

Beaucoup d'auteurs admettent aujourd'hui cette division, d'autres ajoutent une race *américaine*.

Voici la classification de M. Isidore Geoffroy
Saint-Hilaire, résumée dans un tableau.

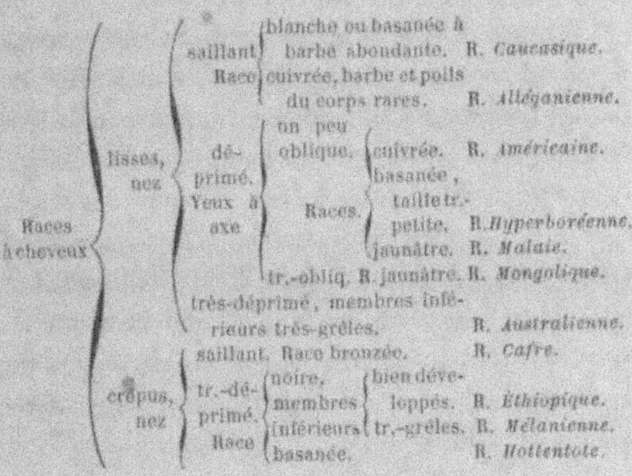

Nous allons successivement donner les caractères de ces onze races.

1° *Race caucasique*. Les cheveux sont lisses, le
nez saillant ; l'angle facial est le plus ouvert : sa
moyenne est de 82°. Il y a développement complet du système pileux dans le sexe masculin ; la
taille est moyenne ; il y a des hommes à taille très-
élevée, d'autres de fort petite taille ; ces derniers
se trouvent dans les régions froides. — La peau

n'est jamais blanche, il y a toujours de la matière colorante, seulement moins que dans les autres races. Le dépôt de pigmentum peut aller chez nous jusqu'à produire une peau presque noire.

On pourrait dire qu'actuellement la race caucasique est répandue dans l'univers entier; mais en faisant abstraction des colonies nouvelles qu'elle a fondées, nous voyons qu'elle habite essentiellement l'Europe, excepté les régions voisines du cercle arctique. On la trouve aussi dans la zone septentrionale de l'Afrique, le long de la Méditerranée; elle existe encore en Égypte, où elle remonte en suivant le Nil jusqu'en Nubie et en Abyssinie. On la trouve enfin en Asie-Mineure, en Perse, dans l'Inde, en Judée, en Arabie, en Syrie.

Elle fournit trois grands rameaux :

1° Le *rameau arabe* qui a la figure allongée;

2° Le *rameau égyptien* où la même chose se présente; seulement ici, l'angle facial perd un peu de son ouverture, la peau devient plus foncée.

3° Le *rameau indo-germanique* ou *arien*, parti en toute apparence des plateaux de l'Asie centrale (Inde et Perse). La découverte de cette origine a été faite il y a plusieurs années par Augustin Thierry et W. Edwards.

Nous avons dit plus haut que, dans notre race,

il y avait des hommes noirs, par exemple, en Nubie. On pourrait objecter avec raison que ce pays est très-près du pays des nègres et que le mélange a pu se faire, d'autant plus que, chez quelques Abyssins, on remarque que les cheveux sont crépus. — Mais cette objection fût-elle vraie, on verrait, néanmoins, que la peau blanche n'est pas le caractère constant de notre race. En effet, dans l'Inde, les castes les plus inférieures ont la peau excessivement colorée, presque noire, tandis que les plus élevées, celles des Brahmes, ont une couleur que les voyageurs expriment par les mots de couleur *café au lait, ou pain d'épice clair*. On sait de plus que, dans le midi surtout, on trouve des hommes à peau brune et quelquefois noire.

11° *Race alléganienne*. Longtemps on croyait que la race caucasique avait seule le nez saillant. Mais, aujourd'hui, on a reconnu que la race alléganienne, qui vit dans les monts Alléganis, présentait le même caractère.

Ces peuples se trouvent disséminés parmi d'autres nations d'Amérique. Ce qui les distingue de nous, ce sont les deux caractères suivants : la couleur un peu cuivrée du visage et l'absence presque complète de barbe.

Notons ici une circonstance remarquable. On

s'est demandé si ce défaut de barbe venait, ou de ce que ces hommes l'arrachaient, ou de ce qu'elle ne poussait pas. L'une et l'autre explication sont vraies.

Leur barbe pousse très-peu et les Alléganiens s'arrachent le peu de poil qui leur couvre le visage. Cette pratique se rattache à un fait général qu'il ne faut pas perdre de vue, lorsqu'on fait l'histoire comparative des différentes races humaines : c'est que chaque peuple, chaque sexe, considère comme beauté ce qui est le caractère exagéré de cette race, de ce sexe. Ainsi, les caractères importants de notre race, sont la blancheur de la peau, le large développement du front, la proéminence du nez. Eh bien, nous voyons ces caractères prisés à un haut degré chez nous. — Nos femmes ont soin de conserver leur peau aussi blanche que possible. Nos statuaires et nos peintres nous représentent avec des fronts très-développés et un nez assez saillant.

Les peuples dont nous parlons sont très-intelligents, mais malheureusement la guerre incessante qu'on leur fait empêche que chez eux le développement intellectuel et moral puisse se faire librement.

Les quatre races qui viennent ensuite ont le

nez moins saillant, elles ont un caractère commun, que l'on trouve au plus haut degré chez la race mongolique, c'est l'obliquité des yeux.

3° *Race américaine.* Les cheveux sont lisses, le teint cuivré, le système pileux peu développé. C'est une race très-répandue; il serait possible de la diviser en deux rameaux : l'un dolichocéphale, l'autre brachycéphale [1].

4° *Race hyperboréenne.* Cette race a été, pour la première fois, séparée des autres par M. C. Duméril. Elle habite près du pôle; elle comprend les Lapons, Esquimaux, Samoïèdes, Groënlandais. M. Duméril dit qu'ils sont petits, ont la peau basanée, que leurs femmes sont nubiles de très-bonne heure. On explique la plupart de ces caractères par les habitudes de ces peuples; en effet, ils logent, pendant six mois de l'année, dans des pièces étroites fortement chauffées et enfumées. — On peut les diviser en deux rameaux qui sont les Esquimaux

[1] Pritchard appelle *Prognathes* les peuples dont la mâchoire est projetée en avant. Ceux qui ont le caractère inverse ont reçu le nom d'*orthognathes* (mâchoire droite); on le donne aux espèces de notre race. Ces mots n'ont cependant qu'une valeur secondaire; ils ne font qu'indiquer les deux extrêmes d'une infinité de termes qui se fondent les uns dans les autres.

Retzius a appelé *brachycéphales* les peuples à crâne court et globuleux, il a appelé *dolichocéphales* ceux à crâne allongé.

(dolichocéphales) et les Lapons (brachycéphales).

5° *Race malaie.* On y trouve aussi des types fort nombreux. Il est probable, par suite, que l'on finira par en faire des rameaux séparés. Ces peuples ont la peau jaunâtre; il n'y a pas de teinte rouge.

On les trouve dans un grand nombre de pays; aussi chez ces peuples la couleur n'est pas très-fixe. Ceux de Malaca, Sumatra, Java, ont la peau jaune; mais on trouve, dans beaucoup d'îles de l'Océanie, des individus de même race qui semblent préférer, sauf une exception, les bords maritimes, et que Bory de Saint-Vincent avait désignés, pour cette raison, sous le nom de *race neptunienne*. Dans les îles de la Société, de Taïti, de Gambier, la beauté de cette race, sa ressemblance avec la nôtre, a frappé les navigateurs. Il y a des documents récents fournis sur eux par le P. Henry, lequel écrit qu'on les prendrait pour des hommes caucasiques, seulement un peu plus jaunâtres que nous; qu'on trouve même chez eux des enfants blonds. Le missionnaire dit que ces hommes sont admirablement faits, et il ajoute : « C'est ainsi qu'Adam devait se promener dans le Paradis terrestre! » Ces peuples sont très-intelligents.

6° *Race mongolique.* Les cheveux sont encore lisses et la peau jaunâtre peu foncé, surtout dans la classe élevée, chez les individus qui sortent peu; ainsi les femmes, qui restent presque toujours dans leurs maisons, présentent, quelquefois, une peau aussi blanche que celle des femmes caucasiques. — Le nez de la race mongolique est court, large; les lèvres sont grosses, les pommettes saillantes. C'est une des races humaines les plus répandues; elle occupe la plus grande étendue de la surface du globe; on la trouve dans toute l'Asie, excepté aux lieux où se trouvent des individus de notre race, et des races malaie et hyperboréenne.

Nous voyons que jusqu'ici nous avons déroulé pour ainsi dire les anneaux d'une même chaîne, mais entre la race dont nous avons parlé et la suivante, il y a presque un abîme.

7° *Race australienne*. Elle habite la Nouvelle-Hollande; malgré sa différence avec les races qui précèdent, elle a, comme elles, les cheveux lisses. Le nez est fortement déprimé, les lèvres épaisses, les mâchoires proéminentes, la peau noire; les muscles des bras et des jambes présentent un développement très-faible, et cela s'explique parce que ces peuples sont très-misérables. Ils sont aussi très-peu avancés et très-peu intelligents. La guerre incessante que leur font les Anglais les menace d'une destruction complète.

Nous passons maintenant aux cheveux crépus.

8° *Race cafre*. Le nez est saillant, la peau n'est pas noire, mais d'un brun noirâtre; c'est la couleur bronze foncé. Ces peuples sont remarquables par leur intelligence et leurs idées élevées, quoique, cependant, ils soient au nombre de ceux que leurs voisins attaquent et veulent détruire pour cause d'infériorité. Ils ont la notion de Dieu et l'appellent le *beau suprême*; ils croient à l'immortalité de l'âme; ils pensent que leurs ancêtres vivent au-dessus d'eux et les protégent. Ces peuples sont remarquables par leur habitation géographique; on ne les trouve que dans la Cafrerie (Afrique australe), à côté de la race hottentote.

9° *Race éthiopique*. Cette race, appelée aussi race *nègre*, comprend des peuples à face allongée, à angle facial de 70° ou 75°, à lèvres épaisses, à nez large, épaté, à pommettes un peu larges, à yeux quelque peu obliques. On a dit que l'ombilic était plus bas chez eux que dans la race caucasique, que le mollet était placé plus haut, que le cristallin était plus épais. Ces faits méritent confirmation. Chez les nègres, la tête est très-comprimée.

La race éthiopique habite une grande partie de l'étendue de l'Afrique.

10° *Race mélanienne.* Les cheveux sont crépus, le pigmentum est noir.

Cette race se trouve dans les mêmes régions que la race malaie. Ces peuples se distinguent des nègres par leur barbe, par la gracilité de leurs membres inférieurs et supérieurs. Ces défauts tiennent sans doute à la misère et à l'oppression dont ces peuples sont l'objet de la part de la race malaie qui est plus intelligente. Il y a des îles où ces deux races vivent ensemble, d'autres où se trouve la race malaie seule, d'autres où il n'y a que la race mélanienne.

11° *Race hottentote.* Elle est remarquable par l'élargissement de ses pommettes, l'obliquité de ses yeux; elle a, comme la race nègre, les lèvres grosses et les cheveux crépus. Le nez est plus imparfait que dans cette dernière race; il est peu saillant à la partie postérieure. On trouve chez les Hottentots un caractère fourni par le mode d'implantation des cheveux: la ligne d'implantation forme sur le devant une courbe régulière, sans angles alternativement rentrants et saillants comme chez nous.

Les Hottentots présentent une particularité pour

la prononciation; ils font entendre en parlant une sorte de clapement que quelques auteurs regardent comme un signe d'infériorité, prétendant que ces peuples ne pourraient exprimer certains mots. Mais il n'est pas ainsi; ce même clapement se retrouve chez les Cafres, dont l'intelligence bien développée ne peut être mise en doute. Un grand nombre de ces derniers savent l'anglais, et on a appris par eux que ce clapement est un signe de ralliement pour toutes ces races.

On a dit également que le tablier des Hottentotes était un organe spécial; mais cela n'est pas. Ce tablier n'est qu'un développement exagéré des nymphes qui existent chez les femmes de tous les autres peuples, seulement chez les Hottentotes elles pendent en dehors et affectent la forme d'un petit tablier, ce qui leur a fait donner ce nom. Du reste, l'existence de cet organe ainsi développé n'est pas un signe d'infériorité, car on le retrouve chez les individus de nos variétés nubienne et abyssine.

Tel est l'ensemble des caractères qui distinguent les différentes races humaines les unes des autres. Avant de passer à la discussion sur la valeur de ces caractères, nous jetterons un coup d'œil sur les diverses régions du globe considérées sous le rapport de la distribution géographique de ces races.

En *Europe*. — On trouve la race caucasique sur la plus grande étendue. Près du cercle polaire arctique habite la race hyperboréenne.

En *Asie*. — La race caucasique. A l'est, de l'autre côté du Gange, la race mongolique qui habite la Chine, la Tartarie, le Japon, etc. Au nord, quelques peuplades de la race hyperboréenne. Au sud, sur les côtes, la race malaie.

En *Afrique*. — Presque partout, excepté au nord, la race éthiopique. Au nord et un peu à l'est, la race caucasique. Au midi, les races cafre, hottentote et malaie. Enfin, disséminés au milieu de la race éthiopique, on trouve les Foullahs dont nous avons déjà parlé.

En *Amérique*. — Sont les races américaine, hyperboréenne, alléganienne.

En *Océanie*. — On trouve, pour l'Australie, la race australienne; dans les îles, les races malaie et mélanienne.

NEUVIEME LEÇON.

UNITÉ D'ORIGINE DES RACES HUMAINES.

Après avoir exposé les caractères des différentes races humaines, il nous reste, pour terminer ces études d'anthropologie, à faire ressortir cette grande vérité que l'on peut rattacher toutes ces races à une seule et même espèce.

Notons ici un point bien important, afin d'écarter plusieurs objections qui pourraient être faites à ce système.

M. Isidore Geoffroy-Saint-Hilaire ne prétend pas prouver l'unité de l'espèce humaine. Seulement il pense que rien dans la science ne s'oppose à ce qu'on puisse l'admettre, que tout au contraire vient à l'appui de cette opinion. Il ne veut pas dire que l'origine unique des races humaines est démontrable et réelle, mais simplement qu'elle est probable.

Sans entrer dans de grands développements sur

cette démonstration, chose à laquelle il consacrera plusieurs leçons de son cours de l'an prochain, il a voulu noter au moins, dans son cours actuel, les principales raisons qui militent en faveur de ses idées.

Il établit d'abord en principe, que l'espèce n'est ni fixe, comme le dit Cuvier, ni variable à l'infini, comme le pensait Lamark, mais qu'elle peut subir certaines modifications en rapport avec les influences des agents extérieurs. Admettre en effet la fixité des espèces, n'est-ce pas d'abord fournir un argument important à la préexistence des germes, telle que l'admettait l'école de Cuvier[1], et par conséquent à la théorie de la pluralité des races ?

L'idée de Geoffroy Saint-Hilaire, qui est la variabilité limitée de l'espèce, découle au contraire de la théorie de l'épigenèse[2].

En effet, dans les premiers cas, les organes sont primitivement créés, ils ne font que se développer au fur et à mesure que l'animal grandit; il n'y a

[1] Nous verrons plus tard celui-ci ne pas partir de ce principe dans la question de l'origine des races humaines.

[2] Voir plus loin la théorie de Geoffroy Saint-Hilaire dans la biographie de ce savant.

pas alors d'harmonie possible des organes de l'animal avec le milieu où on le placera. On aura beau le transporter dans n'importe quel climat, il restera toujours ce qu'il était; — on arrive donc à la fixité de l'espèce.

Admettez, au contraire, avec l'école d'Étienne Geoffroy Saint-Hilaire, que les organes se créent peu à peu, vous laissez alors le champ libre à tous les changements que pourront produire les divers milieux, et vous arrivez à la variabilité de l'espèce, mais non à celle de Lamark, qui disait, par exemple, qu'en élevant le râtelier d'un cheval, on forçait le cou de celui-ci à s'allonger de telle sorte que le cheval devenait girafe; vous arrivez à une variabilité circonscrite dans les limites du possible et du vrai.

Étant posé ce premier principe, mentionnons-en un second qui va nous être utile, c'est celui de l'inégalité ou des arrêts de developpement.

Tel animal présentera comme état définitif, dans un organe, l'état intermédiaire d'un autre animal que nous dirons supérieur ou inférieur à lui, au point de vue seulement de cet organe.

Ces différences entre deux animaux seront ou normales, c'est-à-dire prévues dès le commencement, et alors les deux êtres formeront deux espèces distinctes, ou deux genres, ou deux ordres distincts, etc. ; ou bien ces différences ne se produiront que d'après les circonstances dans lesquelles on placera ou se placeront ces animaux, et alors on aura les variétés d'un même type, d'une même espèce.

C'est ce qui arrive pour l'espèce humaine, et nous pourrons dire :

Aucune race humaine ne se distingue d'une autre par un système propre à elle seule ; — mais les mêmes modifications organiques existant chez toutes, se présentent plus ou moins marquées dans chaque race. — Il n'y a là qu'une inégalité de développement.

Nous allons maintenant développer cette opinion et montrer comment M. Geoffroy Saint-Hilaire a pu arriver à la formuler ainsi.

1° *La taille* est essentiellement différente, non-seulement chez les diverses races, mais encore chez les individus d'une même race. Si l'on prend d'un côté les Lapons, de l'autre les Patagons, c'est-à-dire les hommes les plus petits, et les hommes les plus grands; on a en présence deux caractères bien différents : le *petit* opposé au *grand*. C'est presque le *oui* et le *non*. Mais la question des races n'est pas de cette manière posée scientifiquement.

Il y a des intermédiaires pour la taille entre les habitants de la Patagonie et ceux de la Laponie. Et en partant de cette idée, voici ce à quoi l'on arrive :

Toutes les races ont présenté à leur naissance une taille de 50 à 60 centimètres par exemple, puis toutes ont grandi ; seulement la taille des Lapons se sera arrêtée à 1 mètre 30 ; les Kamschadales seront montés jusqu'à 1 mètre 57 ; les habitants des îles Marquises, à 1 mètre 78 ; les Caraïbes, à 1 mètre 86 ; les Patagons enfin, à 2 mètres. On voit donc qu'en définitive les Lapons se sont arrêtés à une taille qui, pour les autres races, n'aura été qu'un état de transition et qu'elles dépasseront plus ou moins, suivant les circonstances qui favorisent cet accroissement. Ici donc c'est une question d'inégalité de développement.

2° *La couleur* différente que l'on remarque chez chaque race est encore dans le même cas que la taille.

Les partisans de la pluralité des races disent :

Il y a des hommes blancs, des hommes noirs,

De cette manière, ils présentent deux caractères bien opposés, ce qui paraît donner quelque fondement à leur théorie. Car on dit alors avec eux : le blanc est le contraire du noir. Cela n'est pas ; il n'existe pas de races blanches. L'albinisme complet est une monstruosité que l'on rencontre du reste chez tous les peuples.

De plus, dans les races dites blanches, on rencontre des individus entièrement noirs [1]. On a cité des personnes blanches jusqu'à l'âge de cinq ou six ans et devenues noires ensuite. — On a encore cité des nègres qui ont blanchi à une certaine époque de leur vie [2].

Mais allons plus loin. Remontons à l'enfance chez les diverses races. Eh bien ! nous trouverons que les nègres aussi bien que le Mongol naissent blancs, et que ce n'est qu'au bout de quelques jours qu'ils prennent la couleur qui leur est propre. C'est ce que le docteur Guyon a observé en Afrique. —

[1] Les Juifs sont très-colorés, quelquefois même noirs : on trouve dans l'Ancien Testament cette phrase : *Formosa sum sed nigra.*

[2] En Chine, les femmes qui habitent les villes sont blanches ; quelques-unes de celles qu'on trouve dans les montagnes et les lieux froids sont blanches à yeux bleus et cheveux blonds. Le capitaine Cook a vu aussi chez les Malais des individus à yeux bleus et cheveux blonds.

Camper cite aussi un cas analogue : il a vu naître l'enfant d'une négresse, qui est resté rouge comme l'enfant caucasique pendant trois jours, au bout desquels il s'est manifesté quelques points noirs à la racine des ongles, aux parties génitales, autour des mamelons ; enfin, le sixième jour, l'enfant était noir.

Donc, l'on voit que le blanc s'est arrêté, sous le rapport de la couleur, à un état qui n'a été que transitoire pour le nègre, et que, dans certains cas, il peut le dépasser lui aussi.

Ce n'est donc encore ici qu'une inégalité de développement.

3° *La forme de la tête* nous présentera des faits analogues aux précédents. On dit ordinairement que le blanc a la tête ronde, globuleuse, la mâchoire courte, l'angle facial très-grand, — tandis que le nègre a une tête allongée, déprimée, une mâchoire proéminente, un angle facial très-petit.

Mais examinez les choses d'un peu plus près, vous verrez que, tandis que le blanc adulte a un angle facial de 82°, celui-ci est de 87° chez l'enfant de cette race et de 90° chez le fœtus. Dans la race éthiopique, l'angle de l'adulte est de 75° ; celui du fœtus peut aller jusqu'à 85° et 86°.

Or, on sait que les enfants de notre race ont, dans leur jeune âge, la tête plus grosse que dans l'âge adulte. C'est plus tard que peu à peu leur mâchoire proéminera et que l'angle facial sera alors de 82°.

Or, supposez que la mâchoire continue à avancer, vous verrez, comme dans certains cas anormaux de la race caucasique, comme dans la plupart des hommes nègres, l'angle descendre jusqu'à 75° à l'état adulte.

D'après cela, on voit donc que le nègre a dépassé un état qui a été l'état stationnaire pour le blanc. Encore ici, nous sommes en présence d'une inégalité de développement.

4° *Le nez*. — Chez l'enfant caucasique, tout le monde sait que la saillie nasale est très-peu apparente, le nez est presque entièrement déprimé. Ce n'est qu'à mesure que l'on avance en âge que l'on voit cet organe faire de plus en plus saillie sur la face ; quelques personnes de notre race conservent même toute leur vie cet épatement. — Chez le nègre, l'enfant a aussi le nez un peu apparent, et il garde ce caractère jusque dans l'état adulte. On voit donc que, dans ce cas, c'est encore une inégalité de développement, inégalité qui est cette fois en faveur du blanc, celui-ci ayant dépassé un état qui est stationnaire chez le nègre.

5° *Le tablier des Hottentotes*, indiqué par Péron, est un des faits qu'on a présenté comme le plus tranché et le plus important en faveur de la pluralité des races. Mais ici ce n'est encore qu'une inégalité de développement. Cuvier et de Blainville, qui ont disséqué la femme hottentotte, connue sous le nom célèbre de la *Vénus hottentote*, ont vu que, chez elle, les nymphes étaient développées d'une manière exagérée. Nous avons déjà indiqué ce fait, et aussi son existence chez les femmes d'Abyssinie, qui appartiennent cependant à la race caucasique. C'est donc une différence du plus au moins, et comme nous le disions, un nouvel exemple de l'inégalité de développement.

Rattachons à ce fait celui des développements graisseux de la région fessière chez les Hottentots; on a pu le voir chez les individus qu'on a montrés l'an passé à Paris. Ces peuples utilisent ces excroissances pour y placer leurs enfants [1].

---

[1] Dans les moutons *Caramanis*, on a trouvé à la queue un amas de graisse que l'on peut assimiler à ce que nous voyons chez les Hottentots.

6° *La queue* des niam-niams est un exemple fort instructif au point de vue de l'origine simple ou multiple des races humaines, puisque ce n'est qu'un *développement exagéré* du coccyx. Voyez comme la théorie de l'inégalité de développement serait bien appliquée si le fait de l'existence de cette queue était vérifié. — En effet, en remontant à l'état fœtal, on trouve chez les fœtus de toutes les races une petite queue. Entre les races qui la conservent et ceux chez lesquels elle disparaît, il n'y a donc comme différence qu'une inégalité de développement.

On arrive donc en résumé, en se bornant simplement à l'étude des faits, à ces deux assertions :

1° *Il n'y a pas d'hommes blancs et noirs, d'hommes à face allongée ou courte, mais il y a des hommes à peau plus ou moins colorée, à mâchoire plus ou moins allongée.*

2° *En prenant les races humaines dans leur développement successif, on voit que l'homme noir a été dans son jeune âge aussi peu coloré que nous, et même dans l'état embryonnaire moins coloré que nous ne le sommes à l'état adulte ;*

Que la face est courte et l'angle facial très-grand

chez les individus jeunes de toutes les races, mais que seulement la face s'allonge, et l'angle facial diminue un peu chez le Caucasique, un peu plus chez le Mongolique, plus encore chez l'Éthiopique;

Que dans une même race on trouve des différences marquées sous le rapport de la couleur et des autres caractères.

Donc on peut dire avec Buffon que tous les hommes sont *le même homme teint de la couleur du climat.*

A cette opinion plusieurs objections ont été faites, mais M. I. Geoffroy ne tenait, dans le cours de cette année, qu'à présenter la question sous son jour le plus simple, mais en même temps le plus scientifique.

Cette question de l'unité de l'origine des races a été résolue de deux manières :

1° On admet plusieurs origines ; 2° on admet l'unité d'origine ; mais deux écoles partagent cette opinion, celle de Cuvier et celle de Buffon et d'Étienne Geoffroy Saint-Hilaire.

Cuvier, comme nous le disions plus haut, admet

que les espèces animales sont immuables, qu'elles traversent la suite des siècles sans changer aucunement. Cuvier, s'il eût été conséquent avec lui-même, aurait donc dû admettre qu'il y a plusieurs espèces, puisqu'il reconnaît à chacune des caractères particuliers ; mais, entraîné par des considérations très-graves, il a admis qu'il y avait plusieurs races distinctes, mais que leur origine était unique.

Buffon et Geoffroy Saint-Hilaire admettent, au contraire, que sous l'influence de circonstances extérieures, le type primitif a changé, quoique s'étant conservé dans ce qu'il a d'essentiel. En effet, on trouve chez notre race ce qui se passe chez les animaux domestiques : ainsi des mouflons sont nés nos moutons, et de ceux-ci naissent des races secondaires, tertiaires, et ainsi de suite : de sorte que l'on arrive à des variétés dont le nombre est en rapport avec celui des variations de milieu qu'ont subies ces animaux.

Portons cette idée dans le règne humain : partout on trouve le type de l'homme, mais il y a des différences dans les détails ; voudra-t-on expliquer ces différences ? Non, car, dit Buffon, le progrès des sciences naturelles consiste en ce que l'esprit substitue la connaissance du *comment* à celle du *pourquoi*. Nous ne savons pas pourquoi tel climat méridional donne en Amérique aux hommes la couleur rouge, tandis qu'en Afrique il donne la couleur noire; mais quand nous demandons : Est-il possible, physiologiquement, que ces dernières races aient une origine commune, la science répond : Oui, cela est possible, car elle a fait la même réponse pour les animaux domestiques; et, chose remarquable, on trouve plus de différence entre les diverses races d'animaux qu'entre les races humaines. Ainsi, le lévrier et le barbet diffèrent en ce qu'ils se guident à la chasse, l'un par l'odorat, l'autre par la vision. Notez aussi que cette différence s'adresse au domaine des facultés.

De plus, d'après M. I. Geoffroy Saint-Hilaire, dans la science tout concourt à rendre favorable l'hypothèse de l'unité d'origine de l'homme ; 1° la distribution géographique continue; 2° la division de chaque race en variétés.

Le second point est évident ; car on trouve dans une même race des différences telles qu'il faudrait en faire plusieurs espèces, ce que n'admettent pas les partisans de l'origine multiple.

Quant à la distribution géographique, nous voyons qu'elle est continue, et que, de plus, dans les intervalles des diverses races, on trouve des races intermédiaires ; ainsi on a trouvé des métis entre notre race et la race éthiopique, en Abyssinie. Le fait a été constaté par MM. Fauberville, d'Abbadie, Trémont.

M. d'Abbadie a vu que, vers le 30° L. Sud, il y a une transition insensible entre les deux races et qu'on ne peut pas les distinguer : les gens du pays eux-mêmes tiennent à appartenir à notre race. Le seul caractère distinctif est dans la différence de longueur des cheveux ; ceux-ci sont crépus chez tous, mais plus courts chez la race éthiopique pure. De plus M. d'Abbadie a vu que les plis transversaux qui existent à l'M de la paume de la main chez les individus de race caucasique manquaient chez les Éthiopiens. M. I. Geoffroy a vérifié ce fait.

Ajoutons un mot :

Les produits entre les différentes races humaines sont féconds, ce qui n'a pas lieu pour les métis de deux espèces différentes ; car ceux-ci sont ou inféconds de la première génération, ou féconds jusqu'à la quatrième ou cinquième génération seulement. Le mulet, par exemple, métis de l'âne et du cheval, est infécond. Il y a dans l'histoire naturelle bien d'autres faits de ce genre à citer. Le produit du nègre et du blanc est parfaitement fécond : c'est le mulâtre. Il en est de même du *zambo*, métis de la race caucasique et de la race nègre; du *baster*, métis d'un Caucasique et d'une Hottentote, produit à couleur basanée et remarquable par l'élargissement de la face et la proéminence des pommettes.

Nous reviendrons sur ces faits dans une étude sur l'espèce.

Tous ces produits, disons-nous, sont féconds, et cela est un argument en faveur de l'origine unique des races humaines.

———

Je donne en terminant la lettre que j'écrivis à M. Geoffroy Saint-Hilaire, pour lui demander l'autorisation de publier à part ces leçons déjà parues dans la *Revue des Cours publics*:

MONSIEUR ET CHER MAITRE,

Homo sum et nil humani a me alienum puto.
(Térence.)

Vous avez accueilli avec bonté et encouragé avec sollicitude les premiers efforts tentés par mon inexpérience, dans la carrière des sciences naturelles.

Vous m'avez ainsi imposé une tâche qu'il m'est doux de remplir, celle de vous prouver chaque jour ma reconnaissance.

Aussi ai-je reproduit aussi fidèlement que j'ai pu quelques-unes de vos leçons publiques.

Que vous n'ayez pas été insensible à cet hommage, cela double pour moi le plaisir de le renouveler à l'avenir, et c'est ce que j'essaie de faire aujourd'hui en vous dédiant l'analyse de vos leçons sur l'homme.

Ce petit opuscule aura peut-être une opportunité plus grande, malgré sa trop restreinte publicité, par ce fait que plusieurs professeurs ont traité le même sujet dans ces derniers temps.

M. Flourens, au collège de France, examinant les vues de Camper sur le sujet qui m'occupe, et analysant ses travaux de l'angle facial, a parlé de l'origine des races humaines, et il dit en terminant : « Tous les hommes sont frères ; ils sont nés ou ont pu naître d'un même père. » Malgré ses habitudes d'affirmation complète, M. Flourens semble se ranger ici sous le même drapeau que vous.

M. de Quatrefages au contraire va plus loin, il affirme que nous sommes tous de la même origine et il veut le prouver.

Quand un esprit aussi distingué que le sien annonce une telle intention de sa part, le devoir des esprits non convaincus et encore peu éclairés sur des sujets si complexes, le devoir de ces esprits est, dis-je, d'attendre la démonstration.

M. de Quatrefages ajoute qu'on lui pose le dilemme suivant : Ou vous admettez ou vous n'admettez pas l'origine unique des races humaines Dans le premier cas vous êtes un *bigot* et les libres penseurs vous repoussent; dans le second vous êtes un libre penseur et l'Église vous rejette de son sein.

Or, pour éviter ce dilemme, le professeur dont je parle dit qu'il se tiendra constamment sur le terrain de la science, le seul qui puisse être susceptible de changement et de remaniement, tandis que celui de la foi est un roc inébranlable.

Il pourrait dire aussi que la première partie du dilemme ne peut pas être appliquée par les libres penseurs, car pour eux il importe peu que nous descendions ou non du même homme.

La seconde partie est seule vraie, car si on admet la pluralité des races, l'édifice catholique s'écroule.

Quoi qu'il en soit, si les catholiques veulent prendre comme un argument l'unité d'origine, qu'ils s'en servent non pour eux mais pour le bien de l'humanité. C'est ce que ne prouvent pas les désordres qui ont lieu en Australie où l'on regarde les hommes comme des chimpanzés sans queue, et indignes de vivre.

Du reste, comme l'a dit M. de Quatrefages, ce n'est pas tel ou tel système religieux qui pourra influer sur la solution d'une question purement zoologique. — La zoologie seule doit dire si l'unité d'origine est probable, si elle est démontrable !

Veuillez agréer l'assurance de mes sentiments distingués et de ma profonde gratitude,

CAMILLE DELVAILLE.

Voici la réponse de M. Geoffroy Saint-Hilaire.

MON CHER MONSIEUR,

Non-seulement j'autorise la publication que vous projetez, mais je ne puis que la voir avec plaisir. Si vous trouvez que quelques-unes des vues que j'ai émises soient bonnes à répandre, répandez-les ; tout ce que vous ferez sera bien fait.

Je verrais avec la plus grande satisfaction que M. de Quatrefages allât plus loin que moi, sur la question capitale de l'origine commune des races humaines. Tous les hommes sont-ils frères ! La religion et la tradition répondent : oui ! La science me paraissait condamnée, en se tenant dans le domaine qui lui est propre et dont elle ne doit jamais sortir, à n'aller *jamais* au delà de ces deux réponses :

1° Tous les hommes *peuvent* être frères ; la possibilité est *démontrable* scientifiquement ;

2° Les faits sont plus favorables à l'hypothèse de la fraternité qu'à l'hypothèse contraire, et par conséquent à la *possibilité* s'ajoute la probabilité.

Si M. de Quatrefages substitue à la possibilité et à la probabilité la réalité démontrée, il aura assurément rendu un très-grand service à l'anthropologie, et non-seulement à cette science, mais à la philosophie et à la morale.

En attendant, je me félicite de voir mon savant confrère marcher dans les mêmes voies que moi, et je fais des vœux pour qu'il s'y avance plus loin non-seulement que je n'ai été, mais que je n'entrevois.

Adieu, recevez la nouvelle assurance de mes sentiments très-distingués.

I. Geoffroy Saint-Hilaire.

Mon cours de cette année n'avait pour objet, quant à sa partie anthropologique, que l'étude de l'homme en général et dans ses rapports et ses différences avec les animaux ; à l'an prochain les races humaines sur lesquelles j'ai passé rapidement. J'avais du reste il y a deux ans, développé un peu davantage mes vues.

Je vous envoie le passage suivant auquel vous faites allusion. Il est extrait de la *Gazette Australienne* du 1er octobre 1853, p. 945. Il m'a été communiqué par l'abbé Falcimagne, qui l'a depuis cité lui-même avec indignation dans les notes des Mémoires de Mgr Salvado sur l'Australie.

« Nous sommes satisfaits de voir que les naturels de la Nouvelle-Zélande ont obtenu la reconnaissance de certains droits, car nous sommes tout disposés à les reconnaître pour des hommes et des frères, mais nous repoussons tout d'abord l'idée de consanguinité avec les *chimpanzés sans queue* du continent australien. (To the taitless Chimpanzee of the australian continent.) »

Mille amitiés.

I. G.

DE L'ALIMENTATION

PAR LA

VIANDE DE CHEVAL[1]

I

Toutes les fois que l'homme fait passer un animal à l'état domestique pour l'appliquer à un certain usage, il réclame bientôt de lui d'autres services.

Aussi la plupart des mammifères que nous avons domestiqués sont-ils à la fois auxiliaires, alimentaires et industriels. Par exemple, le bœuf est chez nous employé comme aliment et comme bête de

[1] La première édition de ce travail a paru en mars 1856.

transport. Certaines de ses parties se vendent dans le commerce.

Le mouton, qui est chez nous essentiellement industriel et alimentaire, est auxiliaire dans d'autres pays.

Le cheval, au contraire, s'écarte de cette règle ; c'est l'animal auxiliaire le plus précieux que nous possédions ; mais, une fois mort, ses débris sont jetés à la voirie ou servent à des usages d'un ordre secondaire. On ne l'emploie pas comme aliment, au moins dans notre pays. Faut-il regarder cet état de choses comme un fait qui doit rester permanent, ou simplement comme un état transitoire? C'est ce que nous allons examiner aujourd'hui ; et remarquons, au début de notre étude, que nous touchons à une des questions les plus intéressantes pour un peuple.

En effet, il faut que l'homme trouve dans ses aliments des principes azotés, et ces principes ne se rencontrent en abondance que dans la viande.

Liebig, qui s'est occupé de cette question avec le plus de soin, soit théoriquement, soit pratiquement, reconnaît que les aliments plastiques ou azotés sont indispensables à l'homme. Nous citons de lui divers passages.

« La nourriture de l'homme qui travaille doit

renfermer, pour quatre parties de substances non azotées, une partie de principes plastiques (azotés)[1]. »

« Il y a une loi naturelle qui prescrit à l'homme et aux animaux de prendre dans leurs aliments des proportions constantes de substances non azotées et de substances plastiques, tout en variant les aliments suivant le genre de vie et les dispositions du corps; ces proportions ne sauraient pas être changées, par la misère et le besoin, sans porter atteinte à la santé de l'homme, sans mettre en péril ses activités physiques et intellectuelles[2]. »

« En cela, le pain de froment est supérieur au pain de seigle; le pain de seigle au riz et aux pommes de terre; la chair des animaux à tous les autres aliments[3]. »

« Le jus de viande alimente les muscles tout comme il est lui-même alimenté par le sang; et comme les muscles sont la source de tous les effets dynamiques, on peut considérer le jus de viande comme la condition première de toute force dans

1 Liebig, *Nouvelles Lettres sur la Chimie*, p. 133.
2 Liebig, *Id.*, p. 127.
3 Liebig, *Id.*, p. 130.

l'économie. Ainsi s'explique la vertu du bouillon, cette panacée des convalescents[1]. »

« Aucun aliment n'agit aussi rapidement que la viande pour reproduire de la chair, pour réparer[2]. »

« Les animaux carnivores sont, en général, plus forts, plus hardis, plus belliqueux que les herbivores qui deviennent leur proie. La même différence se remarque entre les nations qui vivent de plantes et celles dont la nourriture principale consiste en viande[3]. »

On voit donc, d'après ces citations, que la nourriture animale est essentielle à l'homme, et qu'en la diminuant, on diminue la santé et la vigueur morale et physique de notre espèce.

Cela posé, examinons si, dans notre pays, au milieu de ce XIXᵉ siècle qui a tant fait pour l'industrie, il y a assez de substances animales pour notre consommation.

[1] Liebig, *Nouvelles Lettres sur la Chimie*, p. 201.
[2] Liebig, *id.*, p. 241.
[3] Liebig, *id.*, p. 202.

Il y a des millions de Français qui mangent à peine de la viande.

Nous avons à ce sujet des documents précieux puisés dans l'ouvrage de M. Leplay : *Les ouvriers européens*. Cet auteur a réuni les résultats de ses longues expériences dans une suite de tableaux qui ne donnent pas seulement des chiffres, mais font pénétrer dans la vie intime des diverses populations. Ses résultats concordent d'ailleurs parfaitement avec tous ceux qu'on avait déjà.

M. Leplay a remarqué que chez les peuples de l'Asie et ceux du nord de l'Europe (les Russes, par exemple), l'alimentation animale joue un rôle considérable. Mais en arrivant à notre pays, pays civilisé par excellence, il trouve que l'usage de la viande se réduit à bien peu de chose.

Voici, pour la France, le dépouillement de son ouvrage :

1° Les vignerons de l'Armagnac ont une alimentation suffisante ; ils font par jour quatre repas, dont deux avec de la viande ;

2° Ceux du Morvan ne mangent de la viande qu'une fois par an, le jour de la fête communale ; ils se nourrissent ordinairement de pain et de pommes de terre assaisonnées de lait ou de graisse ;

3° Les paysans du Maine mangent de la viande

deux fois par an : le jour de la fête communale et le mardi gras ;

4° Ceux de la Bretagne, qui passent pour les plus misérables de tous, se partagent en ceux qui ne mangent jamais de viande et ceux qui en mangent aux grands *pardons*, c'est-à-dire cinq à six fois dans l'année ;

6° Les fondeurs des mines du Nivernais ont une alimentation passable ;

7° Les mineurs des montagnes d'Auvergne, qui se livrent à des travaux pénibles, hors de l'action bienfaisante du soleil, ne mangent de la viande que six fois par an. Ils se nourrissent ordinairement de soupes de pain à l'eau, d'oignons, de pommes de terre et de choux ;

8° Les tisserands de la Sarthe ne consomment de la viande que les jours de fête ;

9° Les maréchaux-ferrants et les petits propriétaires de ce pays en mangent fort peu, ils se nourrissent surtout de légumes ;

10° Les maîtres nourrisseurs de la banlieue de Paris ont une alimentation simplement suffisante ;

11° Les cordonniers de la ville mangent de la viande une ou deux fois par semaine.

M. Le Play, dans une lettre adressée à M. Geoffroy Saint-Hilaire, a lui-même ainsi résumé tous ces faits : « *Pour la grande catégorie des ouvriers français, les journaliers agriculteurs, la quantité de viande consommée est à peu près nulle.* »

Quant aux classes riches, la proportion de viande qu'elles mangent n'est pas très-grande. Chaque Français ne consomme en moyenne, par an, que 20 kilogr. de viande, tandis que la quantité normale devrait être de 91 kilog., d'après les évaluations les plus généralement admises.

Qu'y a-t-il à faire pour remédier à cet état de choses ?

Chercher à augmenter les ressources des populations.

C'est un des problèmes les plus intéressants dont on s'occupe aujourd'hui. M. Payen, dans la 3ᵉ édition de son *Traité des substances alimentaires,* vient encore de consacrer un chapitre à cette question : *Insuffisance des matières alimentaires animales.*

Le remède qu'il propose d'appliquer est double :

1° Il veut que l'on perfectionne l'agriculture. — Mais pour cela il faut du temps et nous sommes pressés ;

2° Il conseille l'emploi de viandes conservées. — Mais cette ressource nous manquera lorsque la spéculation se sera partout emparée de ces grands troupeaux d'Amérique actuellement inutiles dans ces pays, et dont on envoie la viande en France. Ajoutons que, comme l'a montré Liebig, la salaison fait perdre à la viande une partie notable de ses propriétés nutritives.

Conseillera-t-on d'introduire des animaux nouveaux. — Mais pour cela encore il faut beaucoup de temps.

On a bien proposé d'améliorer le pain en blutant moins la farine. — Ce n'est qu'un palliatif : il ne nous faut pas d'aliments végétaux, mais une nourriture animale. La viande n'a pas, à proprement parler, d'équivalent nutritif; car, comme le dit encore justement Liebig, « il y a des principes nécessaires à notre existence que nous ne trouvons absolument que dans la viande. »

Regardons si, autour de nous, sous notre main, ne se trouvent pas des ressources déjà créées par la nature et que nous laissons perdre chaque jour inutilement.

Or, nous voyons en effet que, si d'un côté, il y a des millions de Français qui ne mangent pas assez de viande, de l'autre, il y a tous les mois des millions de kilogr. de viande qui ne sont pas employés comme nourriture et qui pourraient l'être.

Mettez ces deux faits en regard, et voyez s'il n'y a pas là quelque chose à faire.

Si la viande du cheval est insalubre ou excessivement repoussante, il faudra accepter l'état de choses actuel comme un mal nécessaire; mais si cette chair n'est ni insalubre ni répugnante, il faudra dire à la population pauvre : Ne mourez pas de faim en présence d'aliments que vous laissez perdre !

Et, remarquez bien qu'il n'est pas nécessaire de prouver que la chair du cheval est délicate comme celle du gibier, il suffit qu'elle soit mangeable [1], car alors on pourra en donner à ceux qui ne mangent presque jamais de viande.

PREMIÈRE QUESTION.

La viande de cheval est-elle insalubre?

Ceux qui connaissent la similitude organique des principes constitutifs de la viande des chevaux et des autres animaux de boucherie, ceux qui savent

---

[1] C'est là même un avantage, car moins cette viande sera délicate, moins elle sera chère.

que le cheval se nourrit de substances végétales, pourraient répondre *à priori* que la viande de cheval n'est pas insalubre.

Disons en outre que, s'il y a différence chimique entre cette chair et celle du bœuf, elle est à l'avantage de la première, qui contient plus de créatine, comme le prouve le passage suivant de Liebig, dans son mémoire présenté à l'Académie des sciences [1].

« Je crois pouvoir conclure de mes expériences que la créatine fait partie de la chair de toutes les classes d'animaux ; jusqu'à présent j'en ai constaté la présence dans la chair du bœuf, du veau, du mouton, du cheval, du lièvre, de la poule et du brochet. La belle découverte de M. Chevreul devient d'autant plus importante qu'on ne peut pas douter que la créatine ne joue un grand rôle dans les actions vitales…. J'ajouterai que quarante poules maigres m'ont fourni environ 24 grammes de créatine ; 56 livres de viande de bœuf, 16 grammes, et 100 livres de viande de cheval, 36 grammes. »

En ramenant ces chiffres à 100, on a :

56 pour 100,000 de viande de bœuf.

72 — 100,000 de viande de cheval.

[1] Comptes rendus de l'Académie des sciences, t. XXIV, 2ᵉ semestre, 1847, p. 68.

M. Regnault a trouvé :

  62 pour 100,000 de viande de bœuf.

  72 — 100,000 de viande de cheval.

Le rôle de la créatine dans l'économie est d'ailleurs trop peu connu pour que la valeur de cette différence puisse être bien appréciée ; mais du moins ne peut-elle qu'être favorable aux qualités de la viande de cheval.

Examinons maintenant l'opinion de divers auteurs sur la salubrité de la viande de cheval.

On trouve dans le livre de la collection hippocratique intitulé *De Victu*, que la chair de cheval est rangée parmi les viandes légères (*carnes leviores*).

Larrey a aussi vanté la viande de cheval.

Voici ce qu'il dit au tome IIe de ses *Mémoires et Campagnes :* « Les chevaux de la cavalerie devenant à peu près inutiles par le resserrement du blocus et la pénurie des fourrages, je demandai au général en chef de les faire tuer pour la nourriture des soldats et des malades. L'expérience m'avait appris dans plus d'une occasion que ces animaux, surtout lorsqu'ils sont jeunes, comme l'étaient nos chevaux arabes, étaient une chair salubre, très bonne pour la confection du bouillon, et assez agréable à manger moyennant quelque préparation. . . . . Je fus assez heureux pour fixer, par mon exemple, une entière confiance sur cet aliment frais, le seul que nous possédions. Les malades s'en trouvèrent fort bien, et j'ose dire que ce fut le principal moyen à l'aide duquel nous arrêtâmes les effets de la maladie (page 285). »

Au tome III, page 281, on trouve le passage suivant :

« Je fus forcé de faire préparer du bouillon avec de la viande de cheval qu'on assaisonna, à défaut de sel, avec de la poudre à canon. Le bouillon n'en fut pas moins bon, et ceux qui avaient pu conserver du biscuit firent d'excellente soupe. »

En 1827, M. Delaveau, préfet de police, nomma une commission pour s'occuper de la question de l'équarrissage des chevaux. — Parent-Duchâtelet, qui fit le rapport, consulta Larrey et donna quelques renseignements de ce chirurgien et de plusieurs autres auteurs. Voici quelques faits que l'on trouve dans ce rapport :

« Gérard, médecin distingué du dernier siècle, dit dans une note de son ouvrage sur la suppression des fosses d'aisance (page 14), que l'on retirerait une utilité très-grande de la chair de cheval en s'en servant comme nourriture. Elle serait d'une grande ressource, surtout dans ces temps-ci, où la chair de nos animaux ordinaires est à un prix qui ne permet guère aux malheureux de s'en nourrir. »

Larrey dit :

« Tout le monde sait d'ailleurs que la chair des chevaux est la principale nourriture des peuples de la Tartarie asiatique. J'en ai moi-même fort souvent fait faire usage, avec le plus grand succès, aux soldats et aux blessés de nos armées.

« Non-seulement elle a conservé la vie aux troupes qui ont défendu Alexandrie, mais elle a puissamment concouru à la guérison et au rétablissement des malades et blessés. L'expérience démontre que l'usage de la viande de cheval est très-convenable pour la nourriture de l'homme, elle me semble surtout fort nourrissante, et contient beaucoup d'osmazome.

« Pourquoi ne pas tirer parti, pour la classe indigente et pour les prisonniers, des chevaux que l'on tue tous les jours à Paris! »

Parent-Duchâtelet a conclu en ces termes dans son rapport :

« On sait que les végétaux ne sont pas favorables à l'homme qui travaille, et qu'il lui faut une nourriture azotée. Si le pauvre achète aujourd'hui de la viande à bas prix, ou cette viande provient de nos boucheries, et, dans ce cas, elle doit être gâtée ou bien mauvaise, ou c'est de la viande de cheval déguisée sous un faux nom, et alors elle lui est vendue beaucoup trop cher. Pourquoi laisser le pauvre entre ces alternatives d'être mal nourri, ou de payer au delà de sa vraie valeur la viande qu'il achète?

« Pourquoi ne pas remédier franchement à ces inconvénients? On pourrait le faire facilement en établissant dans un clos central d'équarrissage un abattoir particulier, où les chevaux sains seraient tués, saignés et ouverts avec soin. La viande choisie serait envoyée à Paris, et la classe indigente trouverait ainsi à volonté une ressource qui lui manque maintenant, et mettrait bientôt de côté toute prévention lorsqu'elle serait assurée de la surveillance de l'autorité, et lorsqu'elle aurait l'avantage du bas prix et de la bonne qualité. » (P. 69 des *Annales d'hygiène*, tome VIII, année 1832.)

SECONDE QUESTION.

La viande de cheval est-elle répugnante?

Voici d'abord plusieurs passages qui prouvent le contraire.

« Ils (les Tartares) mangent les chevaux qu'ils tuent ; ces chevaux sauvages doivent leur origine aux chevaux privés qui se sont égarés dans le pays. Ils ressemblent aux petits chevaux russes [1]. »

« Les Toungours avaient abattu peu de jours auparavant deux jeunes étalons et les avaient mangés ; ils en préféraient la chair à tout autre gibier [2]. »

« Ils mangent beaucoup de chevaux [3]. »

Un voyageur anglais qui a parcouru la Perse, raconte qu'un jour n'ayant pas tué un animal qui fuyait devant lui, les gens qui l'entouraient lui en firent le reproche, en disant que cet animal était une des *grandes délicatesses* du pays.

Gmelin, dans son *Voyage en Sibérie*, dit que les peuples de ces pays mangent des chevaux et des vaches morts de maladie ou par accident, et qu'ils préfèrent la chair de cheval.

Dans l'*Histoire générale des Voyages*, il est dit

[1] Pallas, *Voyages*, t. I, p. 376.
[2] Pallas, *id.*, t. V, p. 421.
[3] Pallas, *id.*, t. II, p. 175.

que les Chinois aiment beaucoup la viande de cet animal.

Enfin, M. Leplay dit que lorsque les Baskirs reçoivent un étranger les jours de fête, ils considèrent comme un grand régal un mets dans lequel il entre de la viande de cheval et une pâtée de riz.

A tous ces faits on objecte que ce sont surtout les peuples de races mongole, nègre et américaine qui mangent du cheval ; que c'est parce que leurs organes s'accommodent de substances peu goûtées chez nous ; mais il est facile de répondre à cette objection en disant que l'on a mangé et que l'on mange du cheval dans notre pays et les pays voisins.

Hérodote dit que chez plusieurs peuples de l'Asie la viande de ces solipèdes était très-estimée. Hippocrate et Pline disent qu'on en mangeait chez les Grecs et chez les Romains ; ceux-ci recherchaient surtout l'âne.

Pourquoi cet usage a-t-il donc disparu ? Un auteur du XVIIIe siècle, nommé Keysler, nous l'indique dans son livre très-curieux et très-peu connu, intitulé : *Antiquitates selectæ septentrionales et celticæ* [1].

Vers le viiie siècle, les différentes religions du Nord faisaient encore jouer un rôle important au cheval sauvage ; lorsque les chevaux avaient figuré dans certaines cérémonies on les mangeait. Ces usages étaient si enracinés, qu'ils apportèrent beaucoup d'obstacles à l'introduction de la religion chrétienne dans ces régions. On a conservé la correspondance entre Boniface, apôtre de la Germanie, et les différents souverains et papes de l'époque. Cette correspondance a été réunie en volume par Serrarius, en 1605.

On y trouve une lettre du pape Grégoire III [2]. Voici un extrait de cette lettre, traduit dans le *Journal des Savants de* 1721, page 84 :

« Vous m'avez marqué que quelques-uns mangeaient du cheval sauvage et la plupart du cheval domestique ; ne permettez pas que cela arrive désormais, très-saint frère ; abolissez cette coutume par tous les moyens qui vous seront possibles, et imposez à tous les mangeurs de chevaux une juste

---

[1] Ce livre date de 1720.
[2] Ce pape a régné de 731 à 734.

pénitence. Ils sont immondes et leur action est exécrable. »

Le successeur de Grégoire III, Zacharie Ier, renouvela les mêmes recommandations. Il prohibait aussi le castor (alors fort commun en Europe) et le lièvre.

Keysler ajoute que ces mesures étaient nécessaires alors, mais que de son temps elles n'avaient plus de raison d'être ; il exprime sa pensée d'une manière concise en disant : « *Cessante ratione legis, cessat lex ipsa.*

Il avait trouvé la viande de cheval excellente « *imprimis in deliciis habebatur,* » et il disait qu'on avait eu tort de l'en retrancher du régime du peuple, au détriment de celui-ci : « *magno rei familiaris detrimento.* »

Voilà donc la cause qui a fait cesser l'usage général de la viande de cheval. Cet usage a cessé en dernier lieu dans les pays les plus septentrionaux de l'Europe, et, fait digne de remarque, c'est dans ces pays qu'on a recommencé à s'en nourrir dans ces derniers temps.

C'est au siége de Copenhague que les Danois en ont mangé pour la première fois dans ce siècle, et depuis on a établi dans ce pays la vente régulière de la viande du cheval.

En Suède, d'après M. Sacc, l'usage de cette viande est assez répandu, et même, chez la classe aisée, on mange, avant le repas, un peu de cheval salé avec du vin, pour exciter l'appétit.

De la Suède et du Danemark, cet usage s'est propagé en Allemagne, puis en Suisse et en Belgique, où il a été l'objet d'un rapport en 1847.

Le moment est donc venu de le faire pénétrer dans notre pays.

Nous croyons avoir démontré, maintenant, que peu de Français mangent de la viande, que la chair de cheval est salubre, mangeable, et n'inspire pas de répugnance.

Cependant, une idée telle que celle-là n'a pas pu se produire sans soulever un grand nombre d'objections, et c'est ce que nous allons examiner.

Nous montrerons aussi que la résolution affirmative de cette question est d'une grande importance, parce que l'introduction de la viande de cheval dans notre régime, outre le bien qu'elle fera, empêchera beaucoup de mal.

II

A la rigueur, ce que nous avons dit plus haut pourrait suffire à prouver l'utilité de la viande de cheval comme nourriture. Cependant il importe de pénétrer plus avant dans la question.

Indiquons d'abord les expériences sérieuses instituées dans le but d'apprécier d'une manière plus exacte et plus pratique les qualités de cette chair.

M. Renault, directeur de l'école vétérinaire d'Alfort, donna il y a trois mois un repas dans lequel on servit de la viande de cheval et de la viande de bœuf arrangées de diverses manières. L'un des convives, M. Amédée Latour, rédacteur en chef de l'*Union médicale*, rendit compte de ce dîner dans le numéro du 4 septembre 1855 de son journal [1]. Nous lui empruntons les passages suivants :

« *Bouillon de cheval.* Surprise générale ! c'est parfait, c'est excellent, c'est nourri, c'est corcé, c'est aromatique, c'est riche de goût, c'est le clas-

____

[1] Nous trouvons ce spirituel article reproduit dans le numéro du 6 décembre du *Moniteur de l'Agriculture.*

sique et admirable consommé dont la tradition malheureusement se perd de jour en jour dans les ménages parisiens.

« *Bouillon de bœuf.* C'est bon, mais, comparativement, c'est inférieur, moins accentué de goût, moins parfumé, moins résistant de sapidité.

« *Bouilli de cheval.* C'est le goût du bœuf bouilli, mais pas de première catégorie ; j'ai mangé du meilleur bœuf, mais j'en ai mangé aussi de beaucoup plus médiocre ; somme toute, c'est très-mangeable ; les pauvres gens qui achètent le bœuf des dernières catégories ou de la vache, trouveraient une différence sensible en mieux en faveur de ce bouilli de cheval.

« *Rôti de cheval.* C'est le filet de la bête qui a été légèrement mariné et richement piqué. Explosion de satisfaction ! rien de plus sain, de plus délicat et de plus tendre. Le filet de chevreuil, dont il rappelle l'arome, ne lui est pas supérieur.

« En résumé, la viande d'un vieux cheval de vingt-trois ans a donné :

« Un bouillon supérieur ;

« Un bouilli bon et agréable ;

« Un rôti exquis. »

M. Lavocat, professeur distingué d'anatomie et

de physiologie à l'école vétérinaire de Toulouse, organisa, il y a environ deux mois, un dîner auquel il convia des médecins, des journalistes, etc. Voici quelques extraits de la lettre qu'il écrivit à M. Geoffroy Saint-Hilaire à ce propos :

« Le bouillon de cheval a été jugé bien supérieur à celui de bœuf, le bouilli était nécessairement plus ferme, mais plus sapide ; quant au filet, il était tendre et excellent.

« Le bouillon comparatif avait été préparé de la même manière pour le bœuf et le cheval, même quantité, même morceau, pris dans ce qu'on nomme la *tranche* (muscles antérieurs de la cuisse), mais il faut remarquer que notre cheval était un vieux serviteur de seize à dix-sept ans [1], ayant au moins deux fois l'âge du bœuf, son compétiteur favorisé, mais non triomphant.

« Cet essai sur les qualités alimentaires du cheval a été très-concluant, même pour ceux d'entre nous qui, par un reste de préjugé, se sentaient peu disposés à en convenir. Depuis ce temps, j'ai souvent répété l'épreuve en famille, avec des dames,

[1] D'après M. Gourdon, cette vieille jument pouvait valoir de 15 à 20 fr.

des enfants. Beaucoup de personnes m'ont demandé du cheval, je leur en ai donné, et toutes ont reconnu leur erreur. Il en est beaucoup, il est vrai, qui prétendent ne pas pouvoir se décider à manger de cette viande, mais de toutes celles qui ont essayé, il n'en est pas une qui ne soit prête à recommencer........

« En somme la question hippophagique est en bonne voie et je crois sincèrement qu'elle fera son chemin. »

M. Geoffroy Saint-Hilaire donna aussi un déjeuner dans lequel on servit du cheval. L'un des invités, un médecin, interrogé sur la qualité de la viande qu'il mangeait, crut qu'il s'agissait d'un animal nouveau et répondit : « Je pense qu'il sera utile d'acclimater ce mammifère ! »

Évaluons maintenant les ressources que pourrait nous fournir l'introduction de la viande de cheval dans notre alimentation ; c'est là une question de la plus haute importance.

Nous avons en France, d'après plusieurs statistiques, trois millions de chevaux, auxquels il faut ajouter quatre cent mille mulets ; on admet qu'il en meurt par an le quinzième. — M. Gourdon, de son côté, évalue le nombre de chevaux et mulets à quatre millions, et dit qu'il en meurt le douzième. Prenons l'évaluation la plus modérée, et basons sur elle nos calculs et nos raisonnements.

Il est difficile d'apprécier le rendement d'un cheval parce qu'il y a dans la race chevaline beaucoup de différences de taille ; cependant nous allons chercher un terme moyen :

A Vienne, en 1854, on a abattu 1,180 chevaux pour la consommation, on a obtenu ainsi 472,000 livres allemandes de viande, ce qui fait 224 kil. 003 par cheval. Les bœufs maigres fournissent 258 kil., tandis que les bœufs gras en fournissent 286.

Il meurt chaque année, d'après notre calcul précédent, 226,000 chevaux qui donnent 50,774,000 kil. de viande, ce qui fait 1,529 kil. de viande par jour. Or, d'après M. Payen, la race bovine nous en fournit 302,000 kil. Il en résulte que la quantité de viande retirée du cheval est le sixième de celle que produit le bœuf. Sur ce nombre il y a à déduire les chevaux non mangeables, ce qui fait environ le quart.

Tels sont les résultats auxquels nous arrivons pour la France. Voici ceux de Paris :

Sous Louis XVI, par ordre de Necker, on arriva à savoir que l'on abattait par an 9,125 chevaux, produisant 2,044,027 kil. de viande. — Sous l'Empire et la Restauration, Huzard a vu qu'il mourait 12,775 de ces animaux, dont la chair pouvait être évaluée à 2,861,000 kilog.

Supposons qu'aujourd'hui il meure annuellement 15,000 chevaux (évaluation très-modérée assurément), cela fait 3,360,000 kil. de viande pour Paris.

Que devient cette viande, et si elle n'est pas utilisée, ne la voit-on pas produire des effets funestes ?

Chaussier publia, en 1803, un rapport sur les voiries, et il décrivit très-bien les inconvénients que présentaient à cette époque ces établissements. « La masse des charognes exposées à l'air, dit-il, se putréfient, deviennent la pâture des insectes ou sont dévorées par les chiens et les loups. Si on les recouvre de terre, comme cela se fait quelquefois, les effluves n'en continuent pas moins à se répandre au loin, et cette odeur attire également les loups. Dans d'autres villages on jette ces charognes dans les haies ou sur les bords des chemins. Dans tous les cas on a là un foyer d'infection excessivement dangereux.

Dans le travail de Parent-Duchâtelet que nous avons déjà cité, les mêmes faits sont reproduits, et quoiqu'il se soit écoulé plus de vingt ans dans l'intervalle des deux rapports, les inconvénients ne sont guère amoindris.

M. Barral a montré qu'en Crimée nos soldats se sont trouvés réduits à des portions de porc salé. « Cependant, dit cet auteur, ils laissent le plus souvent les cadavres de leurs pauvres coursiers se putréfier et répandre les exhalaisons les plus malsaines. »

Passons aux objections qu'on a opposées à l'usage alimentaire de la viande de cheval ; elles sont nombreuses, mais nous allons tâcher d'y répondre victorieusement.

On trouve dans le bulletin des séances de la Société d'agriculture les deux objections suivantes :

1° La viande du bœuf a toujours, dit-on, conservé une priorité marquée sur les autres viandes,

attendu qu'elle possède un arome particulier que
l'on ne peut retrouver dans la viande de cheval;
celle-ci, ajoute-t-on, ne peut donner qu'un mauvais
bouillon. — Nous répondrons que ceux qui ont avancé
cette assertion n'ont jamais goûté la viande et surtout le bouillon dont ils parlent; autrement ils con-
naîtraient mieux son goût. On l'a vu plus haut.

2° On dit que la chair de cheval n'est ni agréable,
ni économique, que celle des chevaux jeunes, qui
est la moins mauvaise et a peu de valeur, coûterait
trop cher; quant à celle des vieux chevaux, on lui refuse *toute valeur nutritive*. — L'objection doit disparaître devant les expériences de Toulouse, d'Alfort,
faites sur des chevaux de seize et vingt-deux ans!

M. Seguier, membre de la même Société, apprécie mieux l'avantage attaché à la consommation de
cette chair lorsqu'il dit qu'on n'a à lui reprocher
que de faire baisser les droits d'octroi.

A l'Académie de Toulouse, une discussion plus
sérieuse s'est engagée. Voici les diverses objections
qui ont été présentées :

1° On a dit que si l'on a abandonné l'usage ali-

mentaire de la viande de cheval, c'est qu'il y avait
de graves motifs. — Nous renvoyons l'auteur à la
lettre écrite par Grégoire III à saint Boniface.

2° On a dit que jusqu'à présent l'on n'avait mangé
du cheval qu'à la dernière extrémité ; puisqu'on s'en
est passé jusqu'à présent, on peut bien s'en passer
encore. — Mais c'est ce que disaient au xviii° siècle
les adversaires de la pomme de terre ! Cet usage,
ajoute l'auteur, rendrait ceux qui l'adopteraient jaloux de ceux qui mangent d'autre viande. — Autant vaudrait ne pas manger de bœuf pour n'être
pas jaloux de ceux qui mangent du gibier ! Autant
vaudrait raser les étages supérieurs d'une maison
pour que personne ne fût jaloux de ceux qui habitent le premier.

3° Un membre prétend que le bas prix de la
viande de cheval ne se maintiendra pas, car on
sait, dit-il, que le prix est toujours en rapport avec
la demande. Cela est vrai, mais disons aussi que la
viande de cheval est inférieure à la viande de bœuf
et que son prix ne montera que selon ses propriétés
nutritives.

La discussion a été close après l'opinion d'un
architecte ; celui-ci a dit que la question devait se

réduire à ce seul fait : la viande de cheval est-elle oui ou non saine et bonne à manger. Dans le cas où elle le serait, dit-il, il y a avantage à introduire dans notre alimentation une nouvelle ressource, sinon il faut la proscrire.

On dit bien souvent : *dur comme du cheval.* Ce proverbe est une des causes qui ont fait repousser l'usage de cette viande. Comment pourrons-nous résoudre l'objection ! En disant que la dureté dépend de l'amaigrissement du cheval que l'on mange ; si on consomme un bœuf surmené, on le trouvera aussi dur qu'un cheval placé dans les mêmes conditions.

Les personnes qui mangent de la viande de cheval peuvent se diviser en deux classes : 1° Ceux qui en mangent sans le savoir[1] ; 2° ceux qui en mangent sciemment, c'est-à-dire le plus souvent des militaires qui se nourrissent de cette chair pendant les retraites, les siéges, les blocus, et alors ce sont des chevaux fraîchement tués, qui de plus ont déjà

[1] On donne de la viande de cheval dans un des restaurants les plus renommés de Paris, — l'on ne s'en est jamais aperçu.

beaucoup souffert : on s'explique alors facilement pourquoi cette viande est dure.

L'*Indépendance Belge* publie une lettre anonyme ; elle est datée de Copenhague ; on y dit que la viande de cheval n'a pas de valeur nutritive. C'est là une assertion erronée comme nous l'avons déjà démontré ; le seul défaut que l'on puisse reprocher à cette viande, c'est de présenter peu de graisse entre ses fibres, ce qui diminue sa sapidité, surtout dans le bouilli : par là même elle est composée en masse de fibrine et d'autres éléments azotés.

Beaucoup de personnes se sont bien à tort inquiétées de la consommation du cheval, au point de vue de la cruauté envers les animaux. Comment, disent-elles, aurez-vous la barbarie de tuer le cheval, cet ami de l'homme, qui lui rend tant de services ! Mais outre que la même chose pourrait se dire du bœuf, remarquez que les sociétés protectrices des animaux sont très-favorables à la cause que nous défendons ici. C'est même celle de Munich qui la première a attiré l'attention sur ce sujet ; frappée des traitements barbares que l'on fait souffrir aux vieux chevaux, elle a proposé de les tuer pour notre propre consommation. Pour donner une idée de ces atrocités, nous citerons le passage suivant de Parent-Duchâtelet :

« S'il existe un spectacle pénible, c'est assurément celui de ces animaux qui, ne pouvant plus rendre de services, sont abattus par l'homme qui spécule sur leurs dépouilles. On les voit arriver aux clos par bandes de douze, quinze ou vingt, attachés l'un à l'autre avec de mauvaises cordes et pouvant à peine se soutenir.

« Introduits dans ces lieux, on leur coupe la crinière et le crin de la queue ; suivant les cas, on les accumule dans une petite écurie ou on les laisse en plein air. Où sont-ils alors attachés ? Aux carcasses mêmes de leurs semblables qui ont été écorchés quelques jours auparavant, et ce faible poids suffit pour les retenir ; car, n'ayant pas mangé depuis longtemps, ils n'ont pas la force de les traîner : souvent ils périssent spontanément sur le lieu même ; la faim qui les tourmente est quelquefois si pressante, que nous en avons vu plusieurs devenir carnassiers, dévorer de longues parties d'intestins dans lesquels se trouvaient enfermés quelques débris d'aliments végétaux, dont l'estomac de leurs semblables n'avait pas extrait jusqu'à la dernière partie des principes nutritifs et sapides.

« Le nombre de ces chevaux est grand en tous temps, mais il l'est bien plus au commencement de l'hiver, époque à laquelle les paysans qui les ont épuisés pendant l'été, ne pouvant plus les nourrir avec avantage, s'en défont dans les différents marchés. Leur prix est alors de 10 à 15 francs. Nous en avons vu vendre 5 francs dans le village d'Essone, 4 francs à Fontainebleau, qui tous devaient être amenés à Montfaucon. Si l'on va les chercher à cette distance à l'époque actuelle où la plupart de leurs produits sont perdus, jusqu'où n'ira-t-on pas, lorsqu'on pourra trouver un parti plus avantageux de tout ce qu'ils fournissent ! »

L'objection que nous regardons comme la seule importante est celle-ci :

Les chevaux sont attaqués par des maladies terribles : le farcin, la morve. Ces maladies ne peuvent-elles pas se communiquer à l'homme qui mangerait de la viande des chevaux ainsi atteints ?

A cela, nous répondrons que, d'après plusieurs expériences, ces viandes perdent, après la cuisson, leurs propriétés malfaisantes.

Nous allons citer quelques faits à l'appui de ce que nous avançons :

Durant la Révolution, à une époque où existait la

famine, on avait renfermé dans des parcs, à Saint-Germain et à Alfort, des chevaux atteints, les uns de farcin, les autres de morve.

Le peuple, poussé par la faim, fit irruption dans ces clos, les chevaux furent tués et mangés, sans qu'il en résultât la moindre indisposition [1].

Ce fait est donné par Parent-Duchâtelet qui, dans le rapport dont nous avons déjà parlé, cite les deux suivants :

Un chien mordit successivement sept vaches laitières et périt, peu de temps après, d'une rage bien confirmée, sous les yeux de ce médecin même, après avoir mordu plusieurs autres chiens qui furent tués étant enragés. Au bout d'un certain temps les vaches, qui avaient continué à fournir du lait, furent atteintes des symptômes de la rage et vendues à deux bouchers, qui distribuèrent la viande aux consommateurs, sans que ni ce lait, ni cette viande aient occasionné le moindre accident à toute la petite ville de Montargis.

Voici l'autre fait :

En 1789, 91, 94 et 99, beaucoup de vaches fu-

---

[1] Annales d'hygiène publique et de médecine légale, t. XVI, 1835.

rent atteintes d'une maladie contagieuse et péri-
rent, «mais la plupart furent vendues aux bouchers
aussitôt que les symptômes devinrent assez in-
tenses pour faire croire qu'il n'y avait plus d'espoir
de guérison, et furent livrées aux consommateurs ;
ceux-ci ne purent faire aucune différence entre la
viande que ces vaches fournirent et celle qui pro-
venait d'animaux semblables, abattus dans l'état
de santé, et il ne résulta de l'usage de cette viande
aucun accident pour tous ceux qui en mangèrent.
Ces faits sont consignés dans un beau mémoire publié pour la première fois par M. Huzard, en 1789,
et réimprimé en l'an viii par ordre du gouverne-
ment. »

On a souvent proposé de donner aux porcs de la
viande des chevaux morts ; mais alors il ne pourra
plus y avoir de contrôle fixe. Il vaut mieux que
l'homme mange un cheval sain, reconnu et examiné, qu'un porc engraissé par de la viande d'un
cheval farcineux.

Du reste, si la viande du cheval mort d'une maladie contagieuse était nuisible, l'argument que
présentent ceux qui combattent l'usage alimentaire
de cette chair, parlerait même en faveur de cet
usage.

En effet, on n'empêchera jamais de faire pénétrer dans nos villes une viande qui se vend à vil prix[1]. Or, il arrivera de deux choses l'une : ou bien la vente sera secrète, et alors on sera exposé à manger de la viande provenant d'un cheval farcineux, ce qui pourra occasionner des accidents par suite du peu de soins que l'on prendra ; — ou bien elle sera permise et faite au grand jour, et, dans ce cas, l'autorité surveillera l'abatage des chevaux et élaguera ceux dont la consommation entraînerait des dangers.

Toutes ces objections étant renversées, l'usage alimentaire du cheval ne tardera pas à se répandre en France ; déjà, depuis l'expérience d'Alfort, beaucoup d'habitants vont chercher du cheval à l'école vétérinaire.

A Vienne, en 1853, un banquet organisé pour l'appréciation de cette viande, fut empêché par une émeute populaire. Eh bien, en 1854, un an après, 32,000 livres de cet aliment furent vendues en quinze jours. On compte dans cette ville dix mille habitants qui en mangent, et on la vend 15 à 20 centimes la livre !

---

[1] On la vendait même 1 centime le kilog.

Qu'y a-t-il à faire pour répandre cet usage parmi nous, en attendant que les autorités des départements et des villes croient pouvoir prendre des mesures à ce sujet?

Il faut que chacun de nous fasse tous ses efforts pour propager les notions puisées dans ces deux leçons, et éclairer ceux qui ne sont pas convaincus.

En résumé et pour terminer, dit M. Geoffroy Saint-Hilaire, le peuple manque de viande; qu'il ne laisse pas perdre des millions de kilos qu'il peut utiliser pour sa nourriture!

ADDITION A LA LEÇON SUR LA VIANDE DU CHEVAL

Dans le service de M. Becquerel, à la Pitié, se trouvait un vieillard âgé de 70 ans qui a fait la guerre en Espagne, sous l'Empire. Il m'a affirmé avoir mangé souvent du cheval et avoir trouvé sa chair meilleure que la viande qu'on lui sert à l'hôpital. Il a vu, à cette époque, les Espagnols consommer la viande des chevaux tués dans les courses de taureaux; on la vendait au peuple 2 ou 3 sous la livre. — On m'a affirmé que cet usage était complétement perdu aujourd'hui.

D'après un renseignement qui m'a été fourni par M. le docteur Rodríguez de la Paz (Bolivie), il paraît que les Indiens sauvages de la Bolivie et de la république argentine mangent de la chair de cheval, et la préfèrent à celle de tout autre animal.

———

L'ŒUVRE

D'ÉTIENNE GEOFFROY SAINT-HILAIRE[1]

> Tous ces hommes que la République avait
> fait surgir, que l'Empire avait réchauffés et
> grandis à la hauteur de sa gloire, tous ces
> hommes de fer pour le travail, de feu pour
> la pensée, dont les découvertes ont supporté
> sans pâlir l'éclat des plus grands événe-
> ments de la guerre et de la politique, tous
> ces hommes disparaissent de notre sein,
> hélas!
>
> (DUMAS, *discours prononcé aux funérailles
> d'Étienne Geoffroy Saint-Hilaire.*)

PREMIÈRE PARTIE.

Je parlerai du patriote, du savant, de l'homme
de bien ; car Et. Geoffroy Saint-Hilaire a été tout
cela.

Dans cette vie pleine de luttes, d'aventures, de

[1] Cette étude était destinée au journal *le Siècle*. Elle avait été
préparée au moment de l'inauguration de la statue de Geoffroy
Saint-Hilaire, à Étampes.

dangers, d'événements de toutes sortes, ce n'a toujours été que dévouement : dévouement pour la science, pour le pays, pour l'humanité.

Geoffroy Saint-Hilaire est né à Étampes, le 15 avril 1772. Son père, juge au tribunal de cette ville, le destina à l'état ecclésiastique, et le jeune Étienne dut, à l'âge de 16 ans, accepter un canonicat du chapitre de Sainte-Croix d'Étampes.

Bientôt, il jette son froc aux orties et obtient la permission d'étudier les sciences au collége du Cardinal-Lemoine, où il se lie avec Haüy, le minéralogiste, et le vénérable Lhomond auxquels il voua depuis une amitié respectueuse et à toute épreuve.

I

Nous sommes en 1792. La monarchie s'écroulait sous ses quinze siècles d'oppression et de tyrannie. — Le peuple relevait la tête et se vengeait enfin. — Parfois il allait trop loin, je l'avoue; mais on pardonne à un prisonnier longtemps enfermé, de briser les vitres de sa prison, pour respirer plus vite.

Tout ce qui tient aux prêtres est déclaré suspect et incarcéré. — Haüy est arrêté le 13 août, mais Geoffroy Saint-Hilaire court chez Daubenton dont il suivait les leçons au Jardin du Roi, et déjà l'aimait comme un fils ; — deux jours après, Haüy était libre.

Geoffroy cherche aussi à sauver de l'échafaud ses professeurs du Cardinal-Lemoine ; il pénètre dans leurs cachots, déguisé en commissaire de section et leur dit que, le soir, il les attendra sur les murs de la prison. — Les nobles vieillards refusent, ne voulant pas, par leur fuite, aggraver le sort de leurs compagnons d'infortune.

Geoffroy part navré. — Les massacres commencent le lendemain et durent jusqu'au soir. Notre héros va se placer, comme il l'avait dit, sur le mur de la prison. « J'ai passé, écrit-il dans une de ses lettres, la nuit du 2 au 3 septembre, sur une échelle, en dehors de Saint-Firmin, et douze ecclésiastiques qui m'étaient inconnus échappèrent, le 3, à quatre heures du matin. » Mais ses professeurs du Cardinal-Lemoine ne vinrent pas ; — il ne devait jamais les revoir.

Épuisé par tant d'émotions, Geoffroy Saint-Hilaire rentre à Étampes, dans sa famille, et y reste malade jusqu'à l'hiver ; puis, il retourne à Paris où il est reçu à bras ouverts par Haüy et Lhomond.

Quelques jours après, Daubenton lui faisait obte-

nir la place de garde et sous-démonstrateur au cabinet d'histoire naturelle, place laissée vacante par
la démission de Lacépède.

Trois mois après, l'ex-Jardin Royal était réorga-
nisé sous le titre de Muséum d'histoire naturelle,
et l'on y créait douze chaires occupées par douze
officiers. Geoffroy Saint-Hilaire fut appelé à l'une
d'elles, malgré l'opposition toute pacifique de Four-
croy. — Il refusa, prétextant sa jeunesse, et voulut
offrir sa chaire à Lacépède, mais celui-ci remercia
le jeune naturaliste par un refus tout cordial.

Du reste, Daubenton encouragea le jeune homme.
« Nul n'a encore enseigné à Paris la zoologie, lui
dit-il,..... tout est à créer. Osez l'entreprendre :
faites qu'on puisse dire, dans vingt ans : La zoologie est une science française. »

A peine installé, Geoffroy publie cinq mémoires
que j'aurai à analyser plus tard, et crée la ménagerie du Jardin des Plantes.

Voici la curieuse origine de cette ménagerie.

Le 4 novembre 1793, l'administration de la police, en vertu d'une mesure prise la veille, envoie
à Geoffroy plusieurs animaux, parmi lesquels un
ours blanc et une panthère, provenant de trois mé-
nageries. — Le directeur de l'une d'elles réclamait,

pour sa part, 17,000 fr. d'indemnité, et le budget des deux professeurs ne s'élevait qu'à 600 fr. ; mais Geoffroy Saint-Hilaire n'hésite pas ; il achète les animaux qui attendent à sa porte, et leur donne pour gardiens leurs anciens propriétaires. Quelques jours après, une assemblée des professeurs faisait ratifier ces achats et, un an plus tard, le comité de salut public décrétait la création de la ménagerie.

Cette même année 93, Geoffeoy sauvait de la prison, — peut-être de la mort, — Lacépède et Daubenton. — Il essaya aussi d'arracher des mains du tribunal révolutionnaire le poëte Roucher, en le cachant dans sa maison.

Mais celui-ci, las de vivre dans une continuelle inquiétude, rentra chez lui où on l'arrêta pour le traîner à l'échafaud.

Sur ces entrefaites, Geoffroy Saint - Hilaire reçut de l'agronome l'abbé Teissier, réfugié en Normandie, et médecin d'un hôpital militaire, une lettre dans laquelle cet ami de sa famille l'entretenait d'une précieuse découverte ; — c'était de Cuvier, jeune précepteur chez le comte d'Hericy. Une correspondance s'établit aussitôt entre les deux jeunes gens, jusqu'au jour où Geoffroy Saint-Hilaire écrivit à son ami inconnu dont il avait pu apprécier le grand génie : « Venez jouer parmi nous le rôle de Linné, — d'un autre législateur de l'histoire naturelle. »

Cuvier vient alors à Paris, — où les protections de Geoffroy lui font obtenir la suppléance de Mertrud, professeur d'anatomie comparée au Muséum. Les deux amis furent bientôt inséparables : ils logeaient sous le même toit et vivaient presque en commun; « faisant, suivant l'expression de Cuvier, une découverte avant chaque repas. »

Ils publièrent ensemble quelques travaux, et, entre autres, un mémoire remarquable sur la classification des mammifères.

II

Le 19 mai 1798, Geoffroy Saint-Hilaire, entraîné par son ardeur de savoir, partait pour l'Égypte, en compagnie de littérateurs et de savants. Monge, Fourier, Larrey, Malus, Jomard, Delaporte, Redouté, Desgenettes, Savigny, Delisle, Cordier, Berthollet, Costaz, Parseval, étaient ses compagnons de voyage.

Durant son séjour de quatre années, au milieu de

fatigues et de dangers, il ne perdit pas de vue ses longs travaux et sauva même les collections de l'avidité des Anglais.

Ce fait mérite ici une mention spéciale.

Par l'article 16 de la capitulation du 31 août, Menou avait consenti à livrer au général anglais Hutchinson les collections d'histoire naturelle des savants de l'expédition.

Ceux-ci envoyèrent à Hutchinson deux des leurs pour le détourner de son projet. Le général répondit qu'il réfléchirait et chargerait de sa réponse le littérateur Hamilton, récemment venu d'Angleterre.

La réponse arrive à Alexandrie : c'était un refus. Geoffroy Saint-Hilaire se lève alors. « Non, s'écrie-t-il, non ! nous n'obéirons pas. Votre armée n'entre que dans deux jours dans la place. Eh bien, d'ici là le sacrifice sera consommé ; nous brûlerons nous-mêmes nos richesses. Vous disposerez ensuite de nos personnes, comme bon vous semblera. »

Tout le monde applaudit à cette patriotique indignation. Hamilton est comme frappé de stupeur.

— « Oui, nous le ferons, reprend Geoffroy Saint-Hilaire. C'est à de la célébrité que vous visez. Comptez sur les souvenirs de l'histoire : vous aurez aussi brûlé une bibliothèque à Alexandrie. »

Hamilton pâle, hors de lui, promet d'intercéder auprès d'Hutchinson.

L'article 16 était annulé en septembre 1801. Nos savants s'embarquaient pour la France et, quatre mois après, ils arrivaient à Paris.

Geoffroy se remettait tout aussitôt à ses travaux et élaborait les principaux éléments de sa belle théorie : celle de l'UNITÉ DE COMPOSITION.

En décembre 1804, il épousait la fille de M. Brière de Mondétour, receveur général des économats sous Louis XVI.

Épouse et mère de savants, la digne femme voit revivre, avec joie, la gloire de son époux dans celle de son fils, M. Isidore Geoffroy Saint-Hilaire, mon aimé et savant maître.

En mai 1804, Napoléon envoyait Geoffroy Saint-Hilaire en Portugal, explorer les collections publiques et particulières de ce pays. Geoffroy part avec Delalande, qu'on lui avait donné pour aide. Arrêtés au mois de mai à Mérida, en Espagne, mais sauvés par la nièce du comte de Torrefresno que, deux jours avant, ils avaient arrachée à un grand danger, nos deux Français gagnent précipitamment le Portugal et arrivent à Lisbonne.

Muni de pouvoirs absolus pour visiter les musées, Geoffroy Saint-Hilaire s'acquitte de sa mission avec une modération qui calme les esprits, un instant effrayés, et lui concilie tous les cœurs.

Il déclare qu'il n'agira pas avec violence et qu'il ne veut rien obtenir que comme don, ou en échange d'échantillons apportés de France. Loin de piller, il émonde et complète les collections et les classe méthodiquement.

Protecteur des savants et des littérateurs, il fait, à force de supplications auprès de Junot, réintégrer dans sa chaire Brotero, professeur de botanique à Coïmbre, et rentrer dans son pays Verdier, membre de l'Académie de Lisbonne.

Au premier, même, il envoie quelques fonds, comme venus au nom du duc d'Abrantès, qui voulait, ajoutait-il, que le secret lui fût gardé. Mais Brotero, entraîné par la reconnaissance, écrit à Junot, qui apprécie la générosité de Geoffroy Saint-Hilaire et lui accorde sa demande.

Après la bataille de Vimeiro, où Geoffroy aida au pansement des blessés, les Anglais veulent retenir les caisses que le jeune savant emporte; mais il obtient, à force d'instances, de n'en laisser que quatre; l'une d'elles contenait ses propres effets.

Le 22 septembre, il partait pour la France, emportant l'estime et le respect de la nation portugaise[1].

Il annonçait son retour à sa famille par ces nobles paroles : « Je reviens ; la mort n'a pas voulu de moi. J'ai fait un peu de bien en Portugal, et j'ai la pensée d'avoir mérité de mon pays. »

En 1809, Napoléon crée la Faculté des Sciences de Paris et nomme Geoffroy Saint-Hilaire professeur de zoologie et d'anatomie comparée ; mais celui-ci offre généreusement sa chaire à Lamark qui la refuse.

Son enseignement eut un grand retentissement. C'est que Geoffroy Saint-Hilaire avait le don d'intéresser son auditoire, et surtout de descendre jusqu'à lui. Affable et prévenant, il réunissait, après son cours, ses élèves dans une *leçon de faveur*, et répondait à toutes leurs questions. C'était un véritable entretien de famille, une causerie intime aussi douce au professeur qu'aux élèves.

[1] Relation de l'académicien Verdier.

III

1814 arriva avec ses désastres. Geoffroy Saint-Hilaire resta fidèle à l'Empereur. Il remplit courageusement le mandat de représentant que lui avaient conféré les électeurs de l'arrondissement d'Étampes, et fut l'un de ceux qui, après Waterloo, lors de l'occupation de la Chambre par un poste prussien, se réunirent chez Lanjuinais et protestèrent contre la violence faite à la représentation nationale.

Pendant la Restauration, il se tint à l'écart de toute fonction publique et s'occupa de ses magnifiques travaux sur l'anatomie philosophique, la tératologie et la zoologie.

L'année 1830 vit sa célèbre discussion à l'Académie des sciences avec Cuvier. Malgré la différence de leurs opinions, les deux académiciens n'oublièrent pas leur amitié d'autrefois, et lorsque Geoffroy Saint-Hilaire perdit l'une de ses filles, âgée de vingt ans, il eut la consolation de voir accourir l'un des premiers auprès de lui son ancien ami, la veille encore son adversaire, son ancien ami qui ne pouvait s'associer à un tel deuil sans rouvrir les blessures de son propre cœur[1], et envers lequel Geoffroy Saint-Hilaire crut, ce jour-là, contracter une dette qui fut plus tard précieusement acquittée.

A la révolution de Juillet, lorsqu'il vit, comme il le dit lui-même, le rétablissement de notre indépendance au dehors et de l'action, jusque-là interrompue, de nos libertés nationales, il refusa la candidature que lui offraient les électeurs d'Étampes : « Je ne pouvais, leur dit-il, me plaire et me tenir aux fonctions de député que pendant la lutte, et tant qu'il était question d'organiser la France pour la liberté et de défendre l'indépendance nationale[2] ! »

Il ne se mêla à ce mouvement que pour sauver l'archevêque de Paris, qu'il cacha chez lui jusqu'au 14 août.

Le 14 mai 1832, le lendemain de la mort de Cuvier, Geoffroy Saint-Hilaire demandait le premier, sur la tombe de son ami, qu'une statue fût élevée à l'illustre défunt.

A partir de ce moment, Geoffroy abandonna

[1] Cuvier avait perdu, en 1828, une fille de vingt-deux ans.
[2] Lettres aux électeurs d'Étampes. Août 1830.

toute discussion pour ne songer qu'à ses travaux.
Il ne se réveilla qu'en 1837, lorsque, devant l'Académie des Sciences, une bouche autrefois amie, et
alors pleine de paroles acerbes, l'accusa d'avoir
attenté à la gloire de Cuvier.

IV

Puis ce fut tout. Atteint de cécité dès 1840, au
retour d'un voyage en Belgique et en Allemagne,
qui ne fut pour lui qu'une succession d'ovations et
de triomphes, il rentra à Paris d'où il ne devait
plus sortir.

Acceptant, sans murmurer, toutes les infirmités
que la vieillesse lui apportait, entouré de sa famille,
de ses amis et de ses élèves, il vécut encore quatre
ans de la vie la plus intime, consolant ceux qui
pleuraient en le voyant souffrir, et leur disant :
« Je suis aveugle, mais je suis heureux. »

En mai 1844 son état s'aggrava. Toute sa
famille accourut près de lui; ses élèves, MM. les
docteurs Serres, Auzias, Pucheran, ne le quittaient plus. Plusieurs jeunes médecins, plusieurs
jeunes étudiants inconnus à sa famille vinrent ré

clamer l'honneur de veiller à son chevet ; et ceux
dont les soins étaient acceptés se tenaient près de
lui, gardant un pieux silence, et se retiraient le
matin, sans que celui dont ils venaient de soulager
les maux eût même soupçonné leur présence ;
heureux encore s'il leur était arrivé d'obtenir de
sa main défaillante un signe affectueux qui ne leur
était pas destiné[1].

Le 19 mai, au matin, il crut revoir devant ses
yeux fermés pour toujours les vertes plaines de son
pays natal ; un sourire effleura ses lèvres, un son-
pir s'échappa de sa poitrine, — il avait vécu.

V

Le 22 mai, plus de deux mille personnes suivaient
jusqu'au Père-Lachaise les restes mortels de Geoffroy Saint-Hilaire. A la porte du cimetière, plusieurs hommes du peuple, parmi lesquels un grand
nombre d'employés du Muséum, dételèrent les chevaux, et portèrent à bras le cercueil jusqu'au ca-
veau.

[1] Isidore Geoffroy Saint-Hilaire. *Vie, travaux et doctrine d'É-
tienne Geoffroy Saint-Hilaire.* Paris, 1847, Bertrand, éditeur

Puis M. Duméril prononça un discours au nom de l'Académie des sciences, M. Chevreul au nom du Muséum, M. Dumas au nom de la Faculté des sciences, M. Pariset au nom de l'Académie de médecine. M. Serres, l'élève et l'ami du défunt, rappela ses titres à une gloire éternelle. M. Lakanal, plus qu'octogénaire, un des derniers survivants de la Convention, s'avança seul sur le bord de la tombe, et déclara, la voix tremblante, « *que Geoffroy Saint-Hilaire, nommé cinquante ans auparavant professeur du Muséum à l'âge de 21 ans, avait bien mérité de la patrie.* »

Enfin, Edgard Quinet prit la parole au nom de la jeune génération. Il parla du savant, du poëte, de l'homme de cœur, de l'ami. « On sentait, dit-il, dans cette paix incroyable, un homme qui avait bonne conscience des lois et du plan caché du créateur. Il avait été initié aux travaux secrets de la Providence, et, de ce spectacle, il avait rapporté la sérénité du juste. Quoi de plus sublime que cette mort du génie qui, ainsi dirigé et conduit, est la sainteté même de l'intelligence! Il s'approche en souriant de la vérité sans voile; à la fin il descend, sans rien craindre, dans l'éternelle science! »

VI

Aujourd'hui, à treize ans de distance, les mêmes
honneurs, que dis-je, de plus grands honneurs sont
rendus à Geoffroy Saint-Hilaire.

En 1844, au moment de sa mort, quelques esprits généreux eurent la pensée de lui élever une
statue de bronze dans sa ville natale. Une commission fut nommée sous la présidence de M. Pommeret des Varennes, maire d'Étampes, et composée de délégués de la ville et de huit membres de
l'Institut, MM. Arago, Dumas, Duméril, Dutro-
chet, Élie de Beaumont, Jomard, J. Reynaud,
Roche et Serres. — David (d'Angers) fut chargé
d'exécuter la statue, mais les événements de 48 et
la mort du sculpteur vinrent interrompre l'œuvre
commencée.

On en chargea alors un enfant d'Étampes,
M. Elias Robert, qui vient de faire un chef-d'œuvre.
Il représente Geoffroy Saint-Hilaire debout, en cos-
tume de professeur, dans l'attitude d'un homme
qui réfléchit. La tête est d'une ressemblance qui a

ému tous ceux qui avaient connu l'illustre savant. Sur le piédestal sont écrits ces mots simples :

A Geoffroy Saint-Hilaire,
Souscription nationale.

A deux heures aujourd'hui, 11 octobre, l'inauguration a eu lieu sur la nouvelle place qui porte le nom de Geoffroy Saint-Hilaire. La plupart des sociétés savantes dont il avait fait partie y avaient envoyé des représentants.

Outre les discours de MM. Pommeret des Varennes, maire, et de M. Darblay, député, on a entendu ceux de M. Duméril, au nom de l'Académie des sciences, de M. Michel Lévy, au nom de l'Académie de médecine, de M. Serres, représentant le Muséum, de M. Milne-Edwards, au nom de la Faculté des sciences, de M. Jomard, au nom de l'Institut d'Égypte.

Tout le monde a été ému, et un long frémissement a parcouru l'assistance lorsque le vénérable M. Jomard, le seul survivant, avec M. Delaporte, de l'ancien Institut d'Égypte, est venu déposer une couronne de laurier au pied de la statue de son ancien compagnon.

A cinq heures, un banquet réunissait quatre-vingts invités dans la salle du théâtre.

M. le maire portait un toast aux députés des sociétés savantes ; M. le préfet à l'Empereur ; M. Laurens, membre de la commission, à M. Elias Robert ; M. Drouyn de Lhuys, représentant de la société d'acclimatation, à la ville d'Étampes.

Enfin, M. Isidore Geoffroy Saint-Hilaire remerciait par quelques paroles émues ceux qui avaient rendu de tels honneurs à la mémoire de son illustre père.

Le soir, il y avait un bal par souscription.

Puis, chacun se retirait racontant quelque anecdote sur cette belle vie que M. Pariset, en 1844, avait si éloquemment résumée en ces termes : « De vastes connaissances, un génie hardi, d'admirables qualités d'esprit et de cœur, droiture, loyauté, générosité, bonté, courage, désintéressement, tel était Geoffroy Saint-Hilaire ! »

DEUXIÈME PARTIE.

EXPOSÉ DES TRAVAUX DE GEOFFROY SAINT-HILAIRE.

> Après avoir déterminé ce qui juge, ce
> qui est jugé et la loi, il faut recher-
> cher la cause.
>
> ARCHYTAS, *de Principiis.*
>
> Il faut partir de propositions recon-
> nues de tous et assez générales pour
> être incontestables. Là est toute la
> force du raisonnement.
>
> XÉNOPHON, *Mémoires de Socrate,* IV.

VII

En abordant cette seconde partie de mon étude, je dois faire une remarque utile. Avant que Geoffroy Saint-Hilaire n'établît des théories qui ont rendu son nom impérissable, la plupart de ses idées avaient été entrevues. Quelques rares esprits avaient lutté à diverses époques contre la routine aveugle de leurs contemporains; mais l'ennemi était plus fort; ces fiers lutteurs avaient toujours été vaincus.

Si je voulais apprécier chacune en son temps et à sa place, ces tentatives que je signale, il me faudrait plus de place, mais surtout plus de savoir et d'autorité. Je résumerai donc en quelques mots l'historique de chaque question, cherchant toujours à montrer quel est le cachet particulier de l'homme dont j'analyse la vie, et ne lui attribuant jamais que ce qui lui appartient. Il a fait ainsi lui-même.

Peut-être, un jour, consacrerai-je une étude spéciale à chaque partie de la science sur laquelle a travaillé Geoffroy Saint-Hilaire. — Je me contente aujourd'hui d'apprécier son œuvre elle-même ; cela suffit à mon ambition.

VIII

Le fonds, le principe comme le commencement de l'œuvre du grand naturaliste, c'est l'*unité de composition*. Tout ce qu'il a fait s'y rapporte. Tous ses travaux en découlent ou y convergent.

L'histoire de l'unité de composition se divise en trois périodes :

Il y a d'abord une vague conception de l'idée. — Aristote définit les parties analogues : « *Celles qui sont, à la fois, les mêmes et différentes.* » Seulement il regarde comme analogues les organes qui remplissent les mêmes fonctions.

Léonard de Vinci, l'illustre peintre, parle d'un plan commun chez les différents êtres. En 1555, Belon compare le bras de l'homme à l'aile de l'oiseau, et leur trouve une certaine analogie. En 1704, Newton émet l'idée d'un plan général dans la nature.

Buffon, dans son histoire de l'âne, dit qu'il existe un *dessein primitif et général* dans la conformation des animaux, et *sur lequel tout semble avoir été conçu.* « Il semble, ajoute-t-il plus loin, qu'en créant les animaux, l'Être Suprême n'a voulu employer qu'une idée et la varier en même temps de toutes les manières possibles, afin que l'homme pût admirer et la magnificence de l'exécution et la simplicité du dessein. »

Herder, en 1784, écrit que « la nature, dans la variété infinie qu'elle aime, semble avoir construit toutes les créatures vivantes sur notre terre d'après un seul et même type d'organisation. »

En 1786 enfin, Vicq d'Azyr constate l'existence de la clavicule chez le lion, de l'os intermaxillaire chez l'homme. Il dit à ce sujet : « La nature paraît avoir imprimé à tous ses êtres deux caractères nullement contradictoires : celui de la *constance dans le type* et de la variété dans les modifications. »

La deuxième époque de l'unité de composition est celle où on applique l'idée à quelques faits particuliers. Gœthe est l'un des représentants de cette période; il soupçonne l'existence de l'os intermaxillaire chez l'homme, et l'y trouve; mais il garde ses idées dans ses cartons; c'est que lui aussi n'était pas sûr de ce qu'il avançait. En 1818 seulement, lors de l'apparition de la *philosophie anatomique*, l'illustre poëte publie ses manuscrits, et sent le besoin de s'écrier : « Et moi aussi, je suis anatomiste ! »

Après Gœthe, viennent Camper, Kielmayer et Pinel. La grande époque commence enfin. Geoffroy Saint-Hilaire expose pour la première fois ses vues sur l'unité de composition, dans son *Mémoire sur les makis*. « *La nature*, dit-il alors, *a formé tous les êtres sur un plan unique*, essentiellement le même dans son principe, mais varié de mille manières dans toutes les parties accessoires. »

En Égypte, il poursuit cette idée et étudie la fourchette de l'autruche, puis l'appendice des raies et des squales dont il montre l'analogie avec le corps caverneux des vertébrés. Il découvre l'appareil électrique de la torpille, et trouve en même temps le rudiment de cet appareil chez les autres raies, d'où il conclut qu'il n'y a pas d'organe spécial dans ce curieux poisson.

IX

Ces jalons posés, l'ère de l'*anatomie philosophique* devait s'ouvrir. — Elle s'ouvrit en effet dès 1806.

Je vais synthétiquement exposer les faits, refaire en peu de mots la science à ce point de vue et montrer en quoi consistent les découvertes de Geoffroy Saint-Hilaire.

Il est certaines analogies évidentes pour tous, et aperçues de tout temps : l'existence chez tous les mammifères de côtes, de poumons, d'un cœur à quatre cavités, etc. Aucune méthode n'a jamais été nécessaire pour constater ces analogies.

Mais, lorsqu'il s'agira de prouver que la tête d'un poisson est composée des mêmes os que celle d'un mammifère ; que la nageoire d'un poisson est l'analogue de l'aile d'un oiseau, du membre antérieur d'un mammifère, il faudra un *criterium*, un guide, un flambeau pour éclairer ces faits obscurs.

Ce flambeau, comment Geoffroy Saint-Hilaire l'a-t-il trouvé ?

A peine a-t-il découvert quelques-unes de ces analogies, qu'il se demande ce qui doit le guider dans de semblables recherches.

Sera-ce la grandeur? Non; car les côtes d'un rat sont les analogues de celles d'un éléphant; ce n'est pas non plus la structure ou la forme? Sera-ce la fonction? Non encore. Et nous allons le prouver.

Premier fait: *Des organes différents remplissent souvent des fonctions analogues*. Ainsi la locomotion s'effectue par les pattes chez les mammifères, par les ondulations du corps chez les reptiles, etc.

Second fait: *Des organes analogues peuvent remplir des fonctions différentes*. Chez les articulés, par exemple, chaque anneau du corps porte une paire d'appendices latéraux servant, les uns à la mastication, d'autres à la locomotion, d'autres à la respiration, d'autres n'ayant aucune fonction à remplir.

La *forme*, la *structure*, la *grandeur* et la *fonction* étant éliminées comme moyen de reconnaître l'analogie de deux organes, que reste-t-il donc? Il reste ce que Geoffroy Saint-Hilaire a appelé le *principe de connexion*. « Un organe, dit-il, est plutôt *anéanti que transposé*. »

En 1806 il publie sur ces vues cinq mémoires;

les trois premiers partent de la comparaison de la nageoire des poissons avec le membre antérieur des vertèbres.

Artedi avait dit, en 1735, que les poissons ont une clavicule et une omoplate. — Vingt-cinq ans après, Gouan avait confirmé ces vues ; mais elles furent démenties par Vicq d'Azyr et Cuvier. Geoffroy Saint-Hilaire, guidé par le principe des connexions, arrive à prouver l'existence du sternum chez les poissons et à montrer, dans les rayons branchiostéges de ceux-ci, l'analogue des côtes sternales des mammifères.

Le premier principe de connexion étant posé, il est facile d'arriver au second, celui des *organes rudimentaires*. Avant Geoffroy Saint-Hilaire, on ne connaissait que des harmonies dans la nature. Chaque organe devait avoir sa fonction ou être considéré comme nul pour l'ensemble de l'être. Aussi ne décrivait-on pas, dans les traités, et négligeait-on, dans les préparations anatomiques, une foule de petits os dont l'inutilité était regardée comme manifeste. Ces organes *rudimentaires* étaient donc, pour ainsi dire, inconnus, et Vicq d'Azyr crut les découvrir.

Geoffroy Saint-Hilaire revient sur ce sujet et

montre qu'il n'est aucun organe inutile dans le plan général d'un être, et il fait apercevoir l'analogie qui existe entre tel organe rudimentaire, *atrophié* chez un animal où il est inutile fonctionnellement, et ce même organe normalement développé chez un autre où il remplit sa fonction ordinaire.

Il va plus loin, — il montre à côté d'un organe rudimentaire un organe très-développé, à côté de l'*atrophie*, — l'*hypertrophie*. Cela le conduit à son troisième principe : celui du *balancement des organes* ou de la *compensation des organismes*, principe très-bien exprimé par cette phrase de Gœthe : « Il semble, dit le poëte de l'Allemagne, que la nature se conduit comme si son budget était fixe, et qu'ayant fait trop de dépenses sur un point, elle se vit obliger de faire de l'économie sur un autre. »

L'enchaînement des trois principes que je viens d'énoncer est trop évident pour que je cherche à le montrer, mais qu'il me soit au moins permis de citer un seul exemple pour faire voir la justesse de la *Théorie des analogues*.

Il y a un os de la jambe des herbivores et des pachydermes qui a causé un grand embarras à beaucoup d'auteurs, excepté cependant à Erissau, qui connaissait sa véritable nature. C'est l'os du *canon*.

On avait vu dans le cheval un os large, placé sur le côté de l'épaule et dans lequel on avait reconnu l'omoplate, puis venaient l'humérus, le radius et le cubitus. — On avait aussi reconnu la phalange des doigts, mais au-dessus de ces dernières, entre elles et le cubitus, il y avait l'os du *canon* que l'on croyait surajouté ici.

Or, disait Geoffroy Saint-Hilaire, il n'y a jamais d'organes nouveaux, il n'y a que les mêmes organes modifiés dans la forme; donc l'os du canon doit être un os analogue à quelqu'un de ceux que l'on trouve chez tous les animaux.

Comment le démontrer? Par le principe des connexions. Pour cela, il faut partir des organes dont l'analogie est reconnue. Or, nous trouvons chez le cheval les trois phalanges digitales enfermées dans le sabot. Ce qui vient après, chez l'homme, ce sont les os du métacarpe enveloppés dans la main; puis viennent le cubitus et le radius. Donc le *canon* du cheval, situé entre les phalanges d'une part, le cubitus et le radius de l'autre, est bien l'analogue du métacarpe. — Il est développé ici parce qu'il sert d'appui à l'animal; — par contre, en vertu du principe du *balancement des organes*, les doigts ne sont qu'au nombre de quatre[1] visibles, mais peu développés, réduits à l'état d'*organes rudimentaires*.

Quelque fécond que soit le principe des connexions, il est des cas où son intervention ne suffit pas. C'est ce qui arriva lorsque Geoffroy Saint-Hilaire dut comparer la tête des poissons à la tête humaine, dans son *Mémoire sur la tête osseuse des animaux vertébrés*.

Il y avait là de grandes difficultés à vaincre ; il fallait éliminer les os de l'abdomen et du thorax, qui, chez le poisson, se portent, ainsi que les organes qu'ils enveloppent, à la partie antérieure du corps. Après ces réductions faites, Geoffroy Saint-Hilaire pensait néanmoins « que le crâne des poissons renfermait encore plus de pièces que n'en montre celui des autres animaux vertébrés. Mais, dit-il, j'en ai pris une autre opinion dès que j'ai eu songé à considérer les os du crâne de l'homme dans un âge plus rapproché de l'époque de leur formation. Ayant imaginé de compter autant d'os qu'il y a de centres d'ossification distincts, et ayant essayé de suite cette manière de faire, j'ai eu lieu d'apprécier la justesse de cette idée : les poissons, dans leur

---

[1] Le cinquième doigt a été retrouvé, dans ces derniers temps, par M. Joly de Toulouse.

premier âge, étant dans les mêmes conditions, relativement à leur développement, que les fœtus des mammifères, la théorie n'offrait rien de contraire à cette supposition. »

On voit apparaître dans cette dernière phrase les premiers germes de l'idée des *arrêts de développement*, et on y voit aussi la nécessité de faire intervenir dans la détermination d'un organe les expressions fournies par l'*embryogénie*.

C'est à l'aide de cette nouvelle source de raisonnement que Geoffroy Saint-Hilaire a pu s'assurer que l'os carré des oiseaux était formé par la réunion de plusieurs os dont l'un représentait le cadre du tympan chez l'homme.

Cuvier reconnut la justesse de ces vues, et en 1812 il prononçait dans son Rapport annuel à l'Institut, cette phrase significative :

« M. Geoffroy Saint-Hilaire est parvenu à ramener à une *loi commune* des conformations que la première apparence pouvait faire juger entièrement diverses. »

Tenons bon compte de ces paroles et du fait qu'elles constatent ; nous aurons besoin d'y revenir à la fin de cette étude.

X

Je passe aux travaux de 1818-40. — La marche
de l'auteur est toute différente de celle qu'il a suivie jusqu'ici : ce n'est plus une marche logique, ma-
thématique même, comme en 1806.

Au lieu d'appliquer l'unité de composition aux
faits particuliers, au lieu d'examiner à ce point de
vue les organes de la respiration, le système os-
seux, etc., Geoffroy Saint-Hilaire se lance dans des
problèmes ardus. Il devrait passer du simple au
composé, remonter par degré de la zoologie particulière à la zoologie générale, mais une telle marche
paraît trop lente à son imagination avide : « La
science, se dit-il, n'a pas le temps d'attendre. »
Son œil d'aigle a saisi d'un regard le plan de la
nature ; il se hâte de l'exposer dans ses œuvres,
sauf à le développer et à le justifier plus tard.

Il ramène les vertébrés ovipares au type des vi-
vipares [1] ; il trouve l'appareil vocal chez les poissons
qui, pourtant, sont muets ; il découvre chez l'oiseau

---

[1] *Philosophie anatomique*, t. II.

les éléments de *l'opercule* du poisson[1] ; il montre enfin l'existence du système chez l'oiseau[2].

Dès 1806, dans son mémoire sur la tête osseuse des vertébrés, il avait découvert des dents chez le fœtus de la baleine et avait écrit à la suite de sa description une phrase prophétique : « *Cet aperçu ne serait-il pas applicable aux oiseaux eux-mêmes ?* »

Il avait deviné, en effet. — En 1821, il trouvait sur deux fœtus d'autruches à collier une rangée régulière de petits cônes portés par chaque mandibule ; il y avait dix-sept de ces dents à la mâchoire supérieure et treize à l'inférieure. C'est plus tard qu'il se dépose de la matière cornée sur ces bulbes et que le bec de l'oiseau s'organise.

La théorie de l'unité de composition recevait donc une nouvelle confirmation, et Cuvier applaudissait la même année à ces travaux.

« Dès à présent, disait-il, personne ne peut douter que le crâne des animaux vertébrés ne soit ramené à une structure uniforme et que les lois de ses variations ne soient déterminées. »

[1] *Philosophie anatomique*, t. 1er.
[2] Mémoires de l'Académie des sciences, 1821.

10

XI

Par rang de date et par ordre logique viennent se placer ici les travaux de Geoffroy Saint-Hilaire, sur la *tératologie*.

Il n'est personne, parmi ceux qui liront cette étude, qui n'ait vu quelquefois ce que l'on est convenu d'appeler des *monstres*.

On parle chaque jour de fœtus n'ayant qu'un œil, qu'une jambe, de fœtus réunis par le milieu du corps, etc.

Pline et les anciens considéraient toutes ces monstruosités comme des *jeux de la nature*. Mais Montaigne est le premier qui ait pressenti l'origine de ces déviations de l'organisme. « Ce que nous appelons monstres, dit-il, ne le sont pas à Dieu, qui voit dans l'universalité des formes toutes celles qu'il y a comprises. »

Geoffroy Saint-Hilaire dépose les premiers germes de la tératologie dans son mémoire inédit présenté à l'Institut du Caire, sous le titre modeste d'*Exposition d'un plan d'expériences* (1800).

De 1820 à 1822 et de 1825 à 1827, il reprend ces idées.

Dans sa *Philosophie anatomique* [1], il expose sa classification des anomalies, suivant l'absence de la tête ou ses formes diverses.

Dans les seize mémoires publiés de 1825 à 1827, il applique le principe de sa classification aux monstres doubles et divise cette nouvelle classe zoologique, cette classe anormale, en familles, genres, espèces. Les trente genres qu'il établit alors existent encore aujourd'hui et un seul a été ajouté, il y a quelques années, par M. Joly, de Toulouse.

Après la classification des faits anormaux, il entre dans leur explication. On admettait, de son temps, la préexistence des germes et on l'appliquait aux monstres. Deux animaux femelles étant donnés, l'un produisant un être normal, l'autre un monstre, on disait : dans le premier il existait un germe normal, dans le second un germe monstrueux.

C'est alors que Geoffroy Saint-Hilaire démontre que les monstres viennent de grossesses arrêtées ou dérangées dans leur marche ; il parvient même à reconnaître à quel genre d'accident tel ou tel monstre doit sa naissance.

[1] T. II (1820).

Pour la démonstration de sa nouvelle théorie, il fait des expériences dans un établissement d'incubation artificielle établi à Auteuil, en 1826, et parvient à produire des monstres à volonté.

La théorie de Regis, sur la préexistence des germes monstrueux, était donc renversée ; Geoffroy y substituait la doctrine de l'*épigénèse* et celle *des inégalités de développement*, déjà entrevue par lui en 1807.

Voici cette doctrine réduite à sa plus simple expression : L'être se forme dans le sein maternel partie par partie. Si son développement se fait normalement, on a un être normal ; mais si un accident vient à interrompre cette évolution, il y aura un arrêt dans le développement de l'embryon, et l'être nouveau sera d'autant plus éloigné du type normal que la grossesse aura été arrêtée à une époque moins avancée.

En d'autres termes, un être A étant donné, et les phases qu'il subit pour arriver à son état normal étant représentées par les lettres a, b, c, d, e, f, ces phases pourront, par suite des accidents auxquels nous faisons allusion, devenir l'état définitif de produits monstrueux. *La monstruosité vient donc d'un arrêt produit dans un développement régulièrement commencé.*

La même idée avait été émise en partie par Meckel en 1812; mais l'auteur allemand admettait, en même temps, la monstruosité originelle; il fallait éclairer ce système d'un nouveau jour; c'est ce que fit Geoffroy Saint-Hilaire.

Nous montrerons, plus tard, la liaison de la théorie nouvelle avec les faits de l'anatomie comparée. Ajoutons seulement qu'en la même année 1826, Geoffroy Saint-Hilaire, guidé par son observation, établissait l'importante loi de l'*union similaire*. Il prouvait que les monstres doubles sont toujours réunis par les *faces homologues* de leur corps et par leurs *organes homologues*; il ajoutait que, chez les monstres simples, les organes doubles se soudaient seuls entre eux : par exemple, les deux yeux, les deux oreilles, les deux reins; mais que jamais un rein ne se soudait avec un poumon, une artère avec un filet nerveux, etc., tout cela en vertu de la force qu'il appelle : *Affinité de soi pour soi.*

XII

Je passe à d'autres travaux et j'arrive à une conception d'un ordre élevé, contenue dans l'*ana-*

tomie philosophique; je veux parler de l'application de l'unité de composition aux invertébrés.

Déjà, en 1806, Savigny avait démontré que la bouche était établie sur un même plan chez tous les insectes, que les matériaux étaient les mêmes, que la forme et la grandeur variaient seules.

Geoffroy Saint-Hilaire voulut aller plus loin, et essaya de démontrer l'analogie existant entre les vertébrés et les invertébrés. On lui opposa tout d'abord l'objection suivante : Chez les vertébrés l'axe cérébrospinal se trouve à la partie supérieure du corps, les organes respiratoires et circulatoires sont à la partie inférieure, et, au milieu, se trouvent les organes de la digestion ; — chez les invertébrés, il y a l'inverse.

Mais, dit Geoffroy Saint-Hilaire, si les connexions sont les mêmes, que m'importe le reste ; qu'importe l'attitude ! L'homme se tient tantôt debout, tantôt couché ; certains singes ont la marche oblique. Il y a même un poisson, le *gemel*, qui nage sur le dos, et représente alors tout à fait un invertébré.

La *connexion* est tout pour notre auteur. Or, la connexion est la même dans les deux embranchements du règne animal. Chez ces deux groupes, l'appareil respiratoire est intermédiaire aux appareils digestif et cérébrospinal. On voit donc, comme l'a dit plus tard Dugès, que les invertébrés se distinguent des vertébrés en ce qu'ils ont une attitude renversée.

Ajoutons que, depuis 1820, époque où l'idée de Geoffroy Saint-Hilaire a été émise et adoptée par Audoin, Ampère et Hallé, de nouvelles démonstrations sont venues la confirmer.

Ainsi, Charles Bell a montré que, dans le système nerveux des vertébrés, les cordons supérieurs et postérieurs étaient seuls destinés à la sensibilité, tandis que les antérieurs et inférieurs présidaient seuls à la locomotilité. Or, depuis, on a trouvé que c'était le contraire chez les invertébrés ; la théorie de Geoffroy Saint-Hilaire devait conduire à ce résultat.

Enfin, en 1824, Hérold, dans ses Recherches sur l'araignée, et, en 1829, Rathké, dans son travail sur le développement de l'écrevisse, montrent que, dans la vie embryonnaire, les organes des invertébrés sont dans une position renversée, par rapport à ceux des vertébrés. Chez ces derniers, l'embryon est couché sur le vitellus, tandis que, chez les premiers, le vitellus est sur le dos de l'embryon ; c'est précisément ce dos que Geoffroy Saint-Hilaire appelait *face ventrale*, pour être fidèle à ses idées.

XIII

Avant de passer à la discussion de l'œuvre que nous étudions, il est bon de signaler quelques-uns des travaux zoologiques les plus importants de Geoffroy Saint-Hilaire :

1° Il prélude à la classification parallélique (Mémoires sur les animaux à bourses, 1796) ;

2° Il découvre l'*hétérobranche*, poisson qui présente, en outre des branchies, les éléments de poumons ;

3° Il vérifie l'exactitude d'Hérodote sur le *trochilus*, petit oiseau du genre des pluviers, qui pénètre dans la gueule du crocodile et le débarrasse des insectes qui s'y trouvent ;

4° Il communique à l'Institut du Caire l'anatomie et l'histoire naturelle du *polyptère*, dont la découverte, dit Cuvier, eût valu à elle seule le voyage d'Égypte ;

5° Il fait un catalogue des mammifères du Muséum national ;

6° De 1803 à 1806, il publie des monographies

où il étudie divers ordres de mammifères : les primates, les marsupiaux, etc. ;

7° En 1812, il nous donne le tableau méthodique
des quadrumanes ;

8° Il publie, en 1831, ses Recherches sur les
grands sauriens fossiles ;

9° Il écrit, en 1834, ses Fragments sur les glandes mammaires des cétacés ;

10° En 1836, il donne ses Études progressives
d'un naturaliste ;

11° Enfin, citons ses Notions de philosophie naturelle et ses Fragments biographiques.

TROISIÈME PARTIE

XIV

L'ordre dans lequel j'ai exposé les travaux de Geoffroy Saint-Hilaire n'est pas tout à fait l'ordre chronologique. C'est du moins, je le crois, l'ordre logique.

Je pourrais faire précéder le résumé qui va suivre de l'historique abrégé de la science avant le XIXe siècle. Je me borne à ces trois points principaux :

Linné continue la science commencée avant lui ; il en est le législateur.

Buffon élève l'histoire naturelle jusqu'au sublime de la philosophie.

Daubenton la conduit jusqu'aux applications pratiques les plus utiles.

Au xixe siècle, nous avons également trois hommes en présence : chacun comprend l'histoire naturelle à son point de vue.

Cuvier, esprit investigateur, s'applique à l'étude des faits ; il décrit les animaux et les classe.

Schelling, esprit allemand dans toute la force du terme, fait une histoire naturelle synthétique et préétablie ; il donne les conceptions de son esprit et s'inquiète peu de savoir si tout dans la nature est gouverné par les lois qu'il pose.

Geoffroy Saint-Hilaire passe des faits à leur généralisation ; il ne pose des lois que lorsque les faits le lui permettent ; son école est celle du raisonnement basé sur l'expérience : observer d'abord, généraliser et raisonner ensuite, voilà sa devise.

Aussi trouve-t-on dans sa doctrine un enchaînement logique qui n'existe pas dans celle de Cuvier.

Cuvier, en effet, admet la préexistence des germes, tandis que Geoffroy Saint-Hilaire est partisan de l'épigénèse. De ces deux faits nous verrons partir deux doctrines tout à fait opposées, et nous trouverons dans cette comparaison un *criterium* qui prouve la fausseté de la doctrine de Cuvier et l'exactitude de celle de son adversaire.

Si, en effet, comme le pense Cuvier, tous les êtres sont initialement créés tels qu'ils sont, mais en petit, il est clair que tout a été réglé dès l'origine, et que la création n'est plus qu'une grande merveille accomplie pour toujours, et qu'il faut se borner à admirer [1].

C'est le système des *causes finales* : Tout a été créé pour le mieux dans le meilleur des mondes possibles. Ce qui est aujourd'hui sera demain. L'espèce est *immuable*; l'intervention de Dieu en est un sûr garant.

« Mais, s'écrie Geoffroy Saint-Hilaire, Dieu vous a-t-il fait ses confidents pour que vous affirmiez si catégoriquement son intervention incessante ! — *N'ayons pas trop d'audace dans la pensée, restons historiens de ce qui est !* »

On voit combien est étroite cette théorie de Cuvier. Pour ne citer qu'un exemple de l'absurdité où elle le conduit, je dirai qu'il est obligé de re-

---

[1] « Les causes finales, dit M. Flourens dans l'*Éloge de Blainville*, sont l'expression philosophique la plus haute de nos sciences et la plus douce. Il y a un plaisir d'un ordre supérieur à découvrir et à contempler cet assemblage merveilleux de tant de ressorts divers combinés dans des proportions si justes. Le spectacle d'une sagesse infinie donne du calme à l'esprit des hommes. » Oui, et doit laisser leur intelligence dans l'inaction, car, avec ce système absurde, toute discussion est inutile.

pousser la tératologie, ou d'admettre, pour l'expliquer, la préexistence de germes monstrueux ; ce qui est aussi dénué de bon sens. Chaque fois que je me trouve en présence de la théorie des causes finales, je me rappelle la définition plaisante qu'en donnait le vieux Daubenton qui, par parenthèse, était de bonne foi : « C'est admettre, dit-il, que la cerise a été faite petite pour être mangée par un homme seul ; la poire, un peu plus grosse, pour être partagée avec son ami ou sa femme ; le melon, beaucoup plus volumineux, afin qu'on puisse en faire manger à toute sa famille ! »

Voyez, au contraire, la vaste théorie de Geoffroy Saint-Hilaire ; avec elle le champ est libre ; quel admirable enchaînement dans tous les principes qui en découlent, et comme elle explique bien tous les faits de la création !

Non, dit-elle, non, le germe n'est pas la miniature de l'être adulte, il n'en est que l'ébauche imparfaite ; chaque jour, chaque heure ajoute à ce petit globule une molécule de plus, et, selon que cette addition est régulière ou non, on a un être normal ou bien un être anormal, un monstre. Voilà pour la tératologie !

Appliquez maintenant l'épigénèse à l'embryogénie, vous verrez les mêmes éléments exister pour

certains organes dans des animaux différents, en
vertu de l'unité de plan ; puis, selon que le développement de ces éléments sera poussé plus ou
moins loin, vous aurez des êtres plus ou moins
élevés dans la série animale. Voilà pour l'anatomie
comparée.

Enfin, voici une troisième application, cette fois
à la théorie de l'espèce.

Lamark, lui, admettait la variabilité infinie de
l'espèce, sous l'influence de l'habitude. « Placez,
disait-il, un cheval dans une écurie dont le râtelier
soit très-élevé, vous verrez peu à peu le cou s'allonger, et vous aurez une sorte de girafe. Placez
un oiseau sur l'eau, et il lui viendra des palmatures
aux pieds. »

Cuvier, au contraire, était partisan de l'invaria-
bilité absolue. Geoffroy Saint-Hilaire choisit une
théorie intermédiaire, un juste milieu basé sur le
raisonnement. Il admit la *variabilité limitée de
l'espèce*.

Il est évident que les circonstances différentes
dans lesquelles se trouvera un animal modifieront
sa structure. Le cerf est d'autant plus grand qu'on
l'étudie dans des régions plus septentrionales. C'est
ce qu'a montré M. Pucheran.

Tout le monde sait aussi que le pelage d'une

martre des pays froids est plus fin que celui d'une martre de France, et que cette différence dépend du climat.

Il y a, en un mot, comme le dit Geoffroy Saint-Hilaire, une influence du *monde ambiant* sur la conformation organique.

Cuvier et son école ont bien été obligés, malgré leurs autres idées, d'admettre, comme Geoffroy, l'influence du climat sur la couleur et sur la taille.

Les animaux domestiques qui sont chaque jour sous nos yeux, peuvent, du reste, nous expliquer jusqu'où va cette variabilité de l'espèce ; nous pouvons comparer le mouton domestique au moufflon de Corse, le cheval domestique aux chevaux sauvages d'Asie, de Russie et d'Amérique.. Cette variabilité, disons-le en passant, montre pourquoi Geoffroy ne croit pas à la classification que Cuvier regarde comme la *science elle-même*. Où peut-on, en effet, trouver de caractères fixés pour classer le règne animal, si le climat modifie les organismes ?

On fit pourtant des objections à la théorie de notre auteur, lorsqu'il ramena d'Égypte des momies d'animaux sacrés dans ce pays ; on les trouva analogues aux animaux actuellement vivants là-bas. Cuvier s'empara, en 1812, de cet argument, qui

fut repris plus tard et développé par ses élèves, MM. Flourens, Milne-Edward et Strauss-
Durckeim.

Mais la réponse est facile : il est démontré, par
les études faites sur les lieux, et par la lecture des
œuvres d'Hérodote, que le climat de l'Égypte n'a
pas varié depuis trois mille ans ; par conséquent,
il est naturel de voir que les animaux aussi n'ont
pas varié : le contraire eût étonné. L'objection de
Cuvier et de ses disciples est donc un argument en
faveur de la théorie de Geoffroy Saint-Hilaire.

Avec cette théorie, du reste, on explique pourquoi les animaux actuels diffèrent de ceux que l'on
trouve à l'état fossile. C'est que, par suite des per-
turbations qui ont englouti ces fossiles, les circonstances extérieures ont changé, et les organismes
ont dû être modifiés. Là-dessus est basé ce que
l'on appelle en géologie *l'hypothèse de la filiation.*

Cuvier croyait qu'aucune des espèces actuelles
n'a de représentants dans les anciennes, que ce sont
des espèces entièrement distinctes. Pour l'expliquer, il admettait l'hypothèse des *créations successives.* Mais, répondait Geoffroy Saint-Hilaire, comment imaginer la sagesse suprême s'essayant à
diverses époques, faisant et défaisant le même ouvrage ?

Cuvier a été conduit à cette théorie par celle de la fixité de l'espèce, et on a pu, pour la justifier, aller jusqu'à expliquer les créations successives par l'existence des comètes détruisant les êtres déjà créés et en portant de nouveaux sur la terre.

Une seconde hypothèse a été également présentée par Cuvier dans la seconde édition de ses *Recherches sur les ossements fossiles*; c'est celle de la *translation*. Un des points de cette hypothèse est celui-ci : Toutes les espèces ont été créées le même jour et elles ont été détruites successivement par les révolutions du globe. Mais alors les 260,000 espèces d'êtres organisés que nous trouvons aujourd'hui ne seraient que les humbles restes de la création primitive; il faudrait donc que la population des temps primitifs eût été *innombrable !* Or, cela est difficile à croire, puisque anciennement le globe était plus couvert d'eau que maintenant. — Tout s'explique au contraire par l'hypothèse de la filiation.

Si Cuvier, partisan de la fixité de l'espèce, avait été conséquent avec lui-même, il eût admis plusieurs races humaines; mais il a été effrayé des conséquences où l'entraînait sa doctrine, et mû par des considérations étrangères à la science, il a dû changer de route. Je ne connais parmi ses disciples que M. Strauss-Durckeim qui admette la pluralité des races comme conséquence de la fixité de l'espèce.

On voit donc le peu de logique et le peu de fondement de la doctrine de Cuvier. Au contraire, tout est enchaînement dans celle de Geoffroy Saint-Hilaire, et je ne comprends pas certaine phrase de M. Flourens, dans l'*Éloge* de celui-ci. M. Flourens traite d'*accessoires* « les vues de Geoffroy sur la filiation des espèces actuelles avec les espèces perdues, sur cette autre filiation des âges et des espèces, qui ne ferait de tous les êtres que des arrêts successifs d'un seul et même être. Ces vues, où le *réel ne se dégage pas assez de l'idéal*, ne sont point particulières à M. Geoffroy, elles sont *étrangères* à ce grand et bel ensemble de lois fondamentales et neuves qui constitue sa doctrine propre. »

Pour moi, je l'avoue humblement, je ne vois rien là d'accessoire, et je trouve que ces idées de Geoffroy Saint-Hilaire ne sont pas étrangères au bel ensemble de son édifice. Bien au contraire !

Je dirai comme M. Pucheran : c'est une *théorie unitaire* sur les œuvres d'organisation que Geoffroy Saint-Hilaire a créée[1].

[1] Notice sur Geoffroy Saint-Hilaire, extraite de la *Revue indépendante*, p. 37, 1845.

XV

Apprécions, pour finir, la méthode scientifique de Geoffroy Saint-Hilaire, comparée à celles de Cuvier et de Schelling.

Cuvier n'est pas le même dans la première partie de sa vie que dans la seconde.

En 1796, dans son *Mémoire sur les éléphants*, il dit : « L'histoire naturelle est une science où, tandis que le naturaliste contemple une multitude de faits et d'êtres, son génie *s'élève avec enthousiasme à la recherche des causes* de ces faits et à la considération *des rapports* de ces êtres. »

Deux ans après, il écrit cette phrase : « L'histoire naturelle générale ne peut être *portée à sa perfection* que lorsqu'on aura complété les histoires particulières de tous les corps naturels[1]. »

En 1828, au contraire, il écrivait : « *L'histoire naturelle est une science de faits*[2], » et en 1832, il autorisait à peine les naturalistes à ne pas « s'in-

[1] *Tableaux élémentaires de l'histoire des animaux.* 1798.
[2] *Histoire des poissons*, t. Ier. 1832.

terdire *absolument* la faculté *d'indiquer* les conséquences *immédiates* qui leur paraîtront dériver des faits qu'ils auront observés[1]. »

Pour lui, donc, les généralisations sont inutiles, les théories doivent tomber comme sont tombées toutes celles qui ont précédé. Son raisonnement est celui-ci : on a mal réussi jusqu'à moi, on réussira toujours mal. Pour Cuvier, *les faits seuls sont durables.*

Schelling, au contraire, dit que l'intelligence et la nature sont parallèles. S'il conçoit la possibilité d'une *nature en dehors de nous*, c'est par son *identité absolue* avec l'*esprit en nous.* Pour lui, la nature n'est que l'*organisation visible de notre esprit.* — *Philosopher la nature, c'est créer la nature.*

Schelling donne, on le voit, le beau rôle à notre pensée ; elle seule doit être chargée d'expliquer notre création. Il accorde bien que l'on fasse une *étude empirique*, mais ne veut pas qu'à l'aide des faits observés on fasse une *science ; - autant vaudrait*, dit-il, *traverser l'océan sur un brin de paille*[2]. -

C'est alors que Geoffroy Saint-Hilaire apparaît et dit : « Établissons des faits positifs, mais en-

---

[1] Avertissement en tête des *Nouvelles Annales du Muséum*, 1832.
[2] « *Den Durchbruch des oceans mit stroh.* »

suite sachons déduire leurs conséquences scientifiques. « Après la taille des pierres doit arriver la mise en œuvre[1]. »

« Il y a, dit-il dans un autre travail, il y a par delà les travaux de classification, un autre but à atteindre, c'est la connaissance des rapports des choses : telle est la *vraie science, la haute histoire naturelle*. Tout ce qui y prélude est *de métier*, n'est qu'*un acheminement à un grand et important résultat*. Les idées philosophiques formeront toujours la véritable moisson à retirer du grand champ de la nature ; magnifique récompense des plus nobles efforts ; trésor des âmes fortes, sur quoi se fondent les progrès de la civilisation, les indéfinis perfectionnements de la raison humaine[2]. »

On voit donc que d'un côté Geoffroy Saint-Hilaire accepte ce que fait Cuvier, mais en le généralisant, que de l'autre il conçoit *à priori* comme les philosophes allemands, sauf à démontrer *à posteriori*.

Cuvier ne veut pas que l'on ose rien en dehors des faits, sous peine de n'avoir qu'une théorie éphémère ; mais Geoffroy Saint-Hilaire pense que la

---

[1] *Principes de philosophie zoologique*, p. 188, note. 1830.
[2] *Mémoires du Muséum*, t. X, p. 184. 1825.

vérité vaut bien la peine qu'on se risque pour elle.

Et maintenant que les trois auteurs de ces théories sont morts, maintenant, dit Isidore Geoffroy Saint-Hilaire[1], tous les naturalistes observent, tous concluent et généralisent, plus hardis seulement ou plus timides, parfois encore hésitants, selon l'école d'où ils procèdent. Ainsi s'apaisent de longs débats, et si séparés autrefois qu'ils semblaient n'avoir point pour but l'étude du même univers, les disciples de Cuvier, ceux de Schelling sont bien près de se donner la main sur le terrain mixte où les appelle depuis longtemps Geoffroy Saint-Hilaire; et il nous est permis de dire à notre tour, sans être accusé de devancer les temps : « L'esprit humain triomphe enfin de la contradiction de ses propres efforts[2]. »

Paris, 11 octobre 1857.

[1] I. Geoffroy Saint-Hilaire, *Histoire naturelle générale des règnes organiques*. Nous devons beaucoup à ce livre pour le dernier paragraphe de cette étude, et à son auteur pour la bienveillance avec laquelle il a mis à notre disposition tous les matériaux nécessaires.

[2] I. Geoffroy Saint-Hilaire, *Cours de l'histoire naturelle des mammifères*, leçon Ire, p. 261, 828.

BIOGRAPHIES SCIENTIFIQUES

DU XVIIIᵉ SIÈCLE

———

J'ai puisé les éléments de ces études dans le
cours si remarquable professé au Collége de France
par M. Flourens.

J'ai presque laissé à ces biographies la forme
originale. — J'y ai fort peu ajouté, j'en ai peu re-
tranché.

On remarquera aussi que les réflexions et les
doctrines émises dans les quelques pages qui vont
suivre viennent toujours à l'appui des théories développées dans mon livre.

Voilà pourquoi, parmi les nombreuses leçons du
savant physiologiste, j'ai choisi celles ayant trait
à de Haller, Daubenton et Camper.

CAMPER

Pierre Camper naquit à Leyde, le 11 mai 1722, de Florent Camper, ministre du Saint-Évangile, homme fort distingué, ayant pour amis Boerhaave, Muschenbroeck, Sgravesande, et les deux peintres Moore père et fils.

Ce fut au milieu de ces grands hommes que vécut le jeune Camper. Boerhaave le prit en affection, et pressentant de bonne heure ce qu'il serait, lui donna les premières leçons, puis le confia aux soins de Van Rooyen pour le guider tout à fait dans les études médicales. Albinus, Gaubius, Muschenbroeck et Sgravesande lui ouvrirent les portes de la science. Les deux Moore lui enseignèrent le dessin, art dont il fit, toute sa vie, un si bon et si utile usage.

Lorsque Camper eut l'âge de choisir un état, son

père lui laissa toute sa liberté, et le jeune Pierre choisit la carrière médicale et celle des sciences naturelles. En 1746, il fut reçu docteur en philosophie et en médecine; il avait vingt-quatre ans.

Le caractère dominant de cet homme est une ardente curiosité de toute chose; cette curiosité était si vive, qu'il ne put jamais la maîtriser; elle le conduisit et le fit passer dans tous les sens, au physique comme au moral, d'une situation à une autre.

En 1748, son père mourut. Malgré son goût pour les voyages, Pierre Camper n'avait pas voulu quitter ce vénérable vieillard, craignant, comme il le dit lui-même, que cet adieu ne fût le dernier. Mais, après la mort de son père, il commença une série de petits voyages, visita les villes les plus savantes et fut presque toute sa vie en route par toutes les cités où étaient des hommes instruits et des choses curieuses.

En 1748, il se rendit à Londres, où il se lia avec Mead, Pitcairn, Hunter. En 1749, il se rendit à Paris, où il assista aux leçons et aux conversations de Réaumur, Buffon, Winslow, Petit; puis il s'en retourna par Genève, et c'est là qu'il apprit qu'on venait de le nommer professeur en philosophie, en médecine et en chirurgie à Frankker. Il s'empressa de se rendre à son poste, mais non toutefois sans avoir passé à Bade où il jouit de la conversation du grand Bernouilli. En 1755, il fut nommé professeur à l'Athenæum illustre d'Amsterdam : il n'y resta pas longtemps. En 1761, il donne sa démission et va habiter une maison de campagne près de Frankker, puis, au bout de deux ans, il est nommé professeur en médecine, en chirurgie, anatomie et botanique à l'Académie de Groningue, où il se rend en automne 1763. Au bout de dix ans, en 1773, il quitta cette ville pour aller habiter en Frise dans sa maison de campagne, puis il fit plusieurs voyages à Paris, en Angleterre, en Prusse, dans toute l'Allemagne, et vint enfin se fixer à La Haye en 1786; sa nomination au conseil d'État l'y obligeait.

On le voit, sa vie est une suite de déplacements. Il ne peut pas rester en place, et cette mobilité se retrouve presque dans son esprit. Pour en donner une idée, je vais vous citer dans l'ordre, ou plutôt dans le désordre où ils furent publiés, ses principaux ouvrages.

En 1746, il publie deux thèses pour le doctorat, l'une *sur le sens de la vue*, l'autre *sur quelques par-*

ties de l'œil. — En 1750, il commence son cours à Frankker par un discours sur le *meilleur monde possible.* — En 1755, il prélude à ses leçons d'Amsterdam par un discours sur *l'utilité de l'anatomie dans toutes les sciences,* et durant le cours de ses leçons, il prend pour sujet de l'une d'elles un *Discours sur ce que la médecine offre de certain.* — En 1759, il publie le premier volume de ses *Démonstrations anatomico-pathologiques.* — En 1762, un *Mémoire sur la cause des hernies dans les enfants nouveau-nés.* Ce travail, présenté à la Société des sciences de Harlem, le fit nommer membre de cette Société.

En 1761, il fit une *description anatomique du sens de l'ouïe des poissons à branchies* et un *Mémoire sur l'éducation physique des enfants,* qui fut couronné par la Société de Harlem.

En 1764, il ouvrit son cours de Groningue par une leçon *sur l'analogie admirable entre les plantes et les animaux* (de admirabili analogia inter stirpes et animalia), puis il fit un discours sur le *beau physique* et sur *la claudication,* un autre sur le cal des os fracturés, en 1765.

Quel mélange ! quelle discordance ! quelle confusion ! Rien ne peint mieux la variété si mobile de

ce génie infatigable et inépuisable; il faut donc le
saisir par un point, et ce sera en histoire naturelle.

En 1761, il publia un travail sur l'ouïe des poissons, qui fut reproduit, en 1776, dans les mémoires
des *savants étrangers*.

Les poissons entendent-ils ?

A cette question, les naturalistes ont répondu
par un doute, parce qu'il n'y a pas chez les poissons
d'oreille visible entièrement, mais les pêcheurs
savent qu'il ne faut pas faire de bruit lorsqu'on veut
prendre un poisson; on a, dans certains pays, l'habitude de convoquer pour ainsi dire les poissons
aux repas au son de la cloche; ils s'y rendent très-
exactement. Pline a dit, mais je ne me porte pas
garant du fait, que les Romains qui avaient un luxe
effroyable en toutes choses, et principalement pour
les choses de la table, mettaient un tel soin dans
leur manière d'entretenir les poissons, qu'ils les
avaient habitués à reconnaître chacun un certain
nom et à y répondre toujours.

Quoi qu'il en soit, en 1753 fut présenté à l'Académie des sciences un mémoire sur l'ouïe des poissons, mais il ne fut publié qu'en 1778. L'auteur est
Louis Geoffroy, fils d'Étienne Geoffroy, qui fit le

premier une table des affinités chimiques, et que ses élèves appelaient en plaisantant *le père des affinités !*

Camper n'eut pas connaissance de ce travail. Il vit, en étudiant les poissons, que ceux-ci étaient dépourvus d'oreille externe et moyenne, mais qu'ils possédaient une oreille interne, c'est-à-dire qu'il trouva un sac renfermant trois canaux semi-circulaires, au milieu desquels sont ordinairement trois petites pierres osseuses. Le son ne peut arriver à l'animal que par le secours du crâne, puisqu'il n'y a pas de trou auditif. Or, ces poissons ont beaucoup de nerfs qui se répandent dans les canaux semi-circulaires et se terminent en embrassant les trois petits osselets de l'ouïe; le tout flotte dans un liquide semi-gélatineux; le son va donc du crâne dans cet appareil flottant et il est perçu par les extrémités nerveuses.

Si Camper n'a pas positivement découvert tous ces faits, du moins est-il le premier qui ait dit que les os des oiseaux étaient pleins d'air. On savait avant lui que les os des oiseaux sont vides, qu'ils ne renferment pas de moelle, et que de plus ils présentent des trous à leur tête. Camper vit que ces os renferment de l'air. Pour que cet air y arrive, il ne faut pas que le poumon soit clos comme

dans les quatre classes de vertébrés. En effet, l'on
voit ici des poumons ayant l'apparence de cribles
à travers les trous desquels passe l'air qui se rend
dans des cellules placées les unes dans le thorax,
les autres dans l'abdomen, et de là se rend aux
os. Pour le prouver, on n'a qu'à insuffler la trachée-
artère d'un oiseau mort, on voit ces cellules se
gonfler. Si, alors, on place l'animal sous l'eau et
qu'on fasse un trou aux os, on voit l'air s'échapper
par ces ouvertures.

Donc le corps des oiseaux devient, comme le dit
Vicq d'Azyr, « une sorte de ballon vivant qui s'é-
tend et se resserre à volonté, que ses propres forces
dirigent, et dont chaque partie contient un fluide
qui la distend et une puissance qui la meut ; admirable chef-d'œuvre de légèreté, de mobilité, de
souplesse, dont l'homme connaît à peine le mécanisme, et que, malgré d'audacieux essais, son génie est loin de pouvoir imiter. »

En 1771, Camper publie un ouvrage sur les caractères différents des peuples.

À partir de cette époque, il se montre l'élève de
Buffon ; car Buffon, vous le savez, est le premier
qui constitua l'histoire naturelle de l'homme ; il

avait distingué l'étude de l'individu de celle de l'espèce.

En 1779, il publia un *mémoire sur l'organe de la voix de l'orang-outan et de quelques autres espèces de singes*. Il découvrit à côté du larynx de cet animal deux poches demi-membraneuses et demi-osseuses, s'ouvrant dans cet organe et renforçant la voix de ce singe au point où on la connaît. À cette occasion, il fit une méprise en pensant que c'était l'orang que Galien avait disséqué pour faire son anatomie humaine. Cela est peu probable, parce que, à cette époque, l'on ne connaissait pas les îles de Bornéo et de Java, où se trouve l'orang. Le singe que Galien a disséqué était simplement le magot d'Afrique, comme le prouvent fort bien, du reste, les descriptions anatomiques du médecin de Pergame.

Camper publia aussi un mémoire sur *l'orang-outan et autres espèces de singes, sur le rhinocéros bicorné et sur le renne*. Il trouva, chez ce dernier, quelque chose d'analogue aux poches du larynx chez l'orang.

Il donna un travail sur *l'éléphant*, un autre sur

le curieux crapaud appelé *pipa*. On sait que tous les crapauds femelles pondent leurs œufs dans l'eau, et que c'est là que ceux-ci se développent. Mais chez le pipa, à mesure que la femelle pond les œufs, le mâle les lui met sur le dos, et il se forme là une boursouflure par suite de la pénétration des œufs dans la peau. Ceux-ci se développent et ne sortent que lorsqu'ils sont à l'état définitif.

Après cela, Camper se passionna pour une sorte d'anatomie qui, j'oserai le dire, fut créée par lui. Il imagina de comparer le squelette des espèces vivantes avec les fossiles. Il se convainquit et il écrivit que plusieurs espèces n'existaient plus maintenant, et, entre autres, le *mammouth de l'Ohio*, que nous appelons aujourd'hui le mastodonte : ce fait avait, du reste, été annoncé par Buffon.

Camper ajoute aussi que d'autres espèces qui ont disparu étaient simplement plus grandes que les espèces actuelles, mais leurs analogues sous tous les autres points de vue. Il admet, comme Buffon, que ces disparitions successives des divers animaux qui ont peuplé le sol à différentes époques sont dues à une diminution dans la chaleur du globe, tandis que nous admettons que la cause de cela réside dans de grands bouleversements, dans de grandes catastrophes : c'est ce que nous appelons *les révolutions du globe.*

C'est en étudiant le rhinocéros à deux cornes qu'il le compare à une autre espèce fossile, lequel a une cloison osseuse du nez. Voici ce qu'il dit : « Dans les têtes fossiles du rhinocéros bicorné de Sibérie et autres lieux, la cloison du nez est un os épais et solide qui soutient l'extrémité de l'os nasal. Il se pourrait que cette espèce fût totalement éteinte ainsi que celle de plusieurs autres grands quadrupèdes qui ont péri jusqu'au dernier individu dans les grands cataclysmes qu'a soufferts notre globe ; ce dont je ne doute plus aujourd'hui [1]. »

Voici un curieux exemple de la mobilité d'esprit de Camper. Il soutenait un jour devant ses élèves que l'on pouvait faire une dissertation sur toute chose, sur la plus petite, même sur un soulier. Ses élèves le prirent au mot et lui demandèrent de parler sur ce sujet. Il s'excuse tout d'abord de faire un tel ouvrage, en disant que Xénophon a parlé de la forme des pieds des chevaux. Il dit que nous avons eu la faute de déformer, de *luxer* notre pied

[1] *Du Rhinocéros à deux cornes.* Camper, œuvres complètes, 1803, t. 1er, p. 238.

par nos habitudes funestes. Le pied était bien disposé pour la marche et la sustentation, c'est nous qui l'avons torturé afin qu'il fût le moins propre à ces usages, le second doigt du pied étant plus grand que le pouce, et que nous sommes arrivés à faire que ce fût le contraire. Enfin, il blâme les dames et leur manie de se faire un pied plus petit que la nature ne le leur a donné, et de ressembler ainsi aux Chinoises dont elles se moquent pourtant avec tant de constance.

Camper mourut en 1789. Son talent, comme professeur, était fort remarquable. Il avait une belle figure, une voix flexible et douce, une grande abondance d'idées, une grande facilité de parole. A cela, il joignait des manières simples, l'amour de sa femme et de ses enfants, à l'éducation desquels il a consacré tous les instants de loisir de sa vie laborieuse.

Nous arrivons maintenant à ses travaux sur les races humaines. Camper, après Buffon, a donné les idées les plus saines et les plus judicieuses sur les races humaines. Buffon disait qu'il fallait étudier les espèces et pas seulement les individus. Mais il n'était pas anatomiste, il ne put donc étudier que les caractères extérieurs et les mœurs de divers peuples. Camper s'occupa de la forme du crâne et de la couleur de la peau.

Il vit que chaque race possédait une forme particulière du crâne. Avant lui, lorsqu'on voulait dessiner un noir, on faisait le portrait d'un homme quelconque et on en noircissait la peau.

Camper fit une étude plus sérieuse. Ayant disposé les unes à côté des autres les têtes de différentes races, il vit que le front fuyait et que la mâchoire avançait à mesure que l'on allait de la race blanche aux races jaune, noire et rouge. Il imagina alors une ligne, partant du point le plus saillant du front et arrivant à la racine des incisives. Il la nomma *ligne faciale*, puis il prit une autre ligne dite horizontale, menée du trou auditif à ce même bord, de manière à croiser la première ; il obtint ainsi un angle que nous appelons aujourd'hui l'*angle facial*. Il remarquait que cet angle était plus ouvert chez les races où le front était le plus saillant et la mâchoire la moins proéminente, et que cet angle diminuait à mesure que ces caractères s'effaçaient chez les races humaines et les animaux.

Il eut ainsi 80° pour la race blanche, 75° pour la race mongole, 70° pour la race nègre, 65° pour l'orang-outan jeune, 40° pour l'orang-outan adulte.

On a beaucoup parlé de la ressemblance de ce singe
avec nous; pour ma part, j'en suis humilié; mais
cette ressemblance a été exagérée, car on a cru
longtemps que le jeune orang-outan était un animal adulte, on ne savait pas que c'était simplement
le genre du singe appelé *pongo* et à face si proéminente. Continuant cette appréciation de l'angle facial, nous le trouvons de 60° chez le sapajou et la
guenon, de 45° chez le macaque et le magot, et enfin de 30° chez le cynocéphale.

Il est certain que les anciens avaient remarqué
la différence d'angle facial chez les différents
hommes suivant leur intelligence, car dans leurs
grandes statues, on trouve pour les têtes un angle
de 90°; leurs dieux ont quelquefois près de 100°. Ils
savaient que cette conformation donnait aux figures
un aspect beaucoup plus auguste.

Camper, avec son habileté de dessin, traçait les
lignes faciales, et selon qu'il les relevait ou les
abaissait, il changeait l'aspect de l'être qu'il dessi-
nait : c'est ainsi qu'il passait par gradations insensibles de l'homme jusqu'à la bécasse. Cela l'amusait,
et il se laissa enthousiasmer par l'enthousiasme
même qu'il produisit, car peu d'idées firent fortune
comme la sienne. Aussi, tous les portraits de fa-

mille de cette époque nous présentent des fronts proéminents et des têtes sublimes. Il y avait de la flatterie, et même beaucoup, d'autant plus qu'on était alors pénétré de la vérité du système de Gall.

Réduisons tout cela à sa juste valeur. — L'angle facial semble indiquer le rapport du cerveau avec la face; or dans le cerveau siégent toutes les facultés intellectuelles; dans la face tous les organes des sens et surtout celui de l'odorat et du goût, qui sont les plus développés chez les bêtes et donnent le plus d'étendue à la face des quadrupèdes.

Il semble donc, et en thèse générale cela est vrai, que plus la forme du crâne indique un cerveau développé, plus l'être doit être intelligent. Mais on a exagéré beaucoup lorsqu'on a voulu appliquer ces idées à différencier les races humaines. Il y eut même des philosophes qui se demandèrent sérieusement si, vu toutes ces considérations de Camper, on ne pouvait pas admettre que l'homme a été d'abord un singe, et s'est élevé par degrés insensibles au point où nous le voyons.

Hâtons-nous de dire que jamais Camper ne donna dans ces exagérations.

La ligne faciale est loin de fournir ces conséquences, car cette notion n'est rigoureusement applicable qu'à l'homme et aux singes. Les autres quadrupèdes ont tous des sinus frontaux très-développés, et cela fait varier beaucoup l'ouverture de l'angle facial. Ainsi on le remarque surtout chez l'éléphant qui, par suite de ce fait, a le front très-bombé; aussi a-t-on dit que cet animal était plus sage que tous les autres; il a, en effet, lorsqu'on l'examine, l'apparence d'un philosophe qui réfléchit. La chouette a la tête bombée ; les anciens en avaient fait pour ce motif le symbole de la sagesse. Mais cette apparence vient également de l'existence de sinus frontaux très-développés.

Ce qui fait le vrai caractère de l'intelligence, ce n'est pas la forme du crâne, mais sa capacité. Pour la forme, les races noires de notre espèce sont inférieures aux races blanches, car le front recule. Si cela était ainsi, on serait forcément condamné à admettre une infériorité des premières sur les secondes.

Mais c'est bien, comme je l'ai dit, la capacité du crâne qui est seule importante à considérer ; elle donne seule le volume du cerveau : or, toutes les mesures que M. Flourens a faites ou fait faire ont démontré que chez toutes les races humaines le crâne avait la même capacité.

Si le caractère de la ligne faciale est borné, la largeur du front en donne un beaucoup plus important. Blumembach a publié les descriptions de têtes d'Européens qui avaient la même obliquité de front que les races nègres, mais chez lesquelles la largeur du front était plus considérable que dans celles-ci. Il y a aussi à considérer la largeur de la face et des pommettes, et la hauteur du sinciput. Blumenbach en a beaucoup parlé.

Arrivons maintenant à la couleur de la peau chez les diverses races. M. Flourens a vu par des dissections nombreuses que la peau de toutes les races, quelle que fût leur couleur, se composait d'un épiderme externe, au-dessous duquel était un épiderme interne, et d'un *derme* ou vraie peau, appelé aussi *chorion*. Celui-ci était blanc chez tous ; on le voit, du reste, dans les cicatrices des nègres. Ce qui fait la différence de couleur, c'est une couche de *pigmentum* placée entre le derme et l'épiderme interne. Cette couche, on la retrouve en germe chez toutes les races ; seulement elle se développe beaucoup au soleil. C'est ce qui explique pourquoi, sur la face d'un homme du Nord qui va habiter le Midi, on trouve une peau basanée, hâlée. M. Flourens a reçu de M. Guyon, chirurgien en Afrique,

les peaux de plusieurs de nos soldats morts dans
ce pays, il les a étudiées ainsi que les peaux des
Kabyles-Marocains qui appartiennent également à
notre race, et y a trouvé une coloration due au
grand développement de la couche pigmentaire.

Donc tous les hommes sont frères, donc tous
sont nés ou ont pu naître du même père. Le passage du blanc au noir ou du noir au blanc, chez les
diverses races, tient uniquement à la différence de
température. Quant à la forme du crâne, quelles
que soient les différences qu'on y trouve, elles sont
peu de chose en comparaison de celles que l'on
trouve dans les crânes observés chez les animaux
que nous domestiquons, et cependant nous admettons bien que les diverses races de chiens que nous
avons forment une seule espèce, car elles sont
fécondes entre elles.

DE HALLER

Linné, Buffon, Bernard de Jussieu, sont des naturalistes proprement dits. Pour étudier les êtres de la nature, et en particulier les êtres vivants, ils employèrent les mêmes procédés scientifiques : l'observation et la comparaison. Duhamel et Réaumur y ont joint l'expérimentation ; mais l'homme qui, au xviiie siècle, a le plus fait en ce genre, le maître de ce siècle en fait de physiologie expérimentale, c'est de Haller, qui naquit à Berne le 16 octobre 1708.

Le premier caractère de ce grand homme, c'est l'universalité de son génie ; il fut grand, très-grand anatomiste, très-grand botaniste ; comme physiologiste, il n'eut pas d'égal : son érudition est presque sans limite ; — il était aussi poëte.

Ce savant, presque universel, avait eu une enfance précoce ; il savait parfaitement le grec et le latin à huit ans. A l'âge de dix ans, il se fit un dictionnaire grec et hébraïque ; à quinze ans, il avait fait une tragédie, une comédie et un poëme épique de plus de 4,000 vers.

Il était si enthousiaste de ses œuvres, qu'il ne craignit pas d'exposer ses jours pour les sauver, dans un incendie. Un an après, il condamna lui-même au feu ses poésies.

Il étudia d'abord à Tubingue, sous Camerarius et Duvernoy ; puis, en 1727, à Leyde, où trois choses e frappèrent : les leçons et les écrits du célèbre Boerhaave, le Jardin de botanique de cette ville, un des plus riches de l'Europe, et enfin le magnifique cabinet d'anatomie contenant les belles préparations de Ruysh et d'Albinus.

La même année, âgé de dix-neuf ans, il soutint sa thèse doctorale, et chose remarquable qui signale un des côtés de son esprit, sa première œuvre fut un travail de critique. Un médecin allemand, nommé Coschwitz, professeur à la faculté de Halle, en Saxe, et qui est entièrement oublié aujourd'hui, avait cru démontrer, en 1724, qu'il y avait un conduit salivaire derrière la langue ; Haller prouva

que ce prétendu conduit n'était autre chose qu'une
veine.

Il fit ensuite un voyage en Angleterre, où il se
lia avec Douglas et Chesolden ; à Paris, où il vit les
deux Jussieu, Jean-Louis Petit et Winslow, dont il
suivit assidûment les leçons ; puis il revint à Berne,
où on le nomma directeur de la bibliothèque publique (1730). C'est là qu'il jeta les fondements de
l'immense érudition qui le distingue, et c'est là qu'il
publia son livre intitulé : *De l'Énumération des
plantes de la Suisse* (il en décrit plus de 4,500 variétés), et dans lequel il fait preuve d'une grande
vérité de description et d'une puissante majesté de
style.

Il fut appelé, en 1736, à la chaire d'anatomie,
de botanique et de chirurgie, qui venait d'être fondée à Gœttingue. Cette ville, autrefois florissante,
était maintenant si pauvre, que les rues n'étaient
pas même pavées. A la voix de Haller, tout se
transforma. Une foule d'élèves, population brillante, mobile, savante, vint habiter cette ville.

> Aux accords d'Amphion les pierres se mouvaient,
> Et sur les murs thébains en ordre s'élevaient.

Hamberger, professeur de l'université d'Iéna,
qui avait imaginé une bévue qui lui porta bonheur,

et sans laquelle il resterait encore ignoré; Hamberger, dis-je, soutenait qu'il y avait de l'air entre la plèvre et le poumon. On aurait pu lui demander d'où cet air pouvait venir, puisque le poumon est clos, et lui objecter, en outre, que s'il y avait de l'air, comme il le pensait, le mécanisme de la respiration, et surtout de l'inspiration, ne pourrait pas s'effectuer.

Haller combattit ces idées, et pour convaincre Hamberger, il fit des expériences, dont quelques-unes furent contestées, puis enfin reconnues exactes.

Engagé dans la carrière des expériences, il y persévéra. Les élèves, fiers de leur maître, l'aidèrent dans ses recherches et dans ses démonstrations; et ils ajoutèrent leurs études aux siennes.

C'est ainsi que Haller s'éleva à la plus belle expérience, aux plus beaux travaux auxquels il ait attaché son nom. Je veux parler de ses recherches sur l'irritabilité et la sensibilité.

L'homme a en lui le pouvoir de sentir et de se mouvoir; mais ces deux facultés dépendent-elles d'un seul et unique principe ou bien de deux principes différents? On l'ignorait alors. Haller prouva d'une manière décisive que la *sensibilité* et l'*irritabilité* (nous disons aujourd'hui la contractilité) sont parfaitement distinctes l'une de l'autre : la première se fait par les nerfs, la seconde par les muscles, et cette distinction était telle, d'après Haller, que les nerfs, siége de la sensibilité, sont entièrement dépourvus de l'irritabilité, tandis qu'aux muscles manque la sensibilité.

Il y a donc des parties sensibles, ce sont les parties nerveuses; des parties irritables, ce sont les muscles; et des parties qui ne sont ni irritables ni sensibles, telles que les tendons, les os, la dure-mère, etc. Si, en parlant ainsi, Haller voulait dire que lorsque ces parties sont sensibles, elles le sont par leurs nerfs, et que lorsqu'elles sont irritables, c'est par leurs muscles, il aurait émis là une proposition juste et absolument vraie, mais il allait plus loin; il pensait que les tendons, le périoste ne recevaient pas de nerfs, et c'est ainsi qu'il expliquait leur insensibilité. Or, on sait que les tendons et la dure-mère sont sensibles lorsqu'ils subissent un travail inflammatoire, et de plus on a pu observer la sensibilité du périoste interne ou membrane médullaire. Donc Haller avait tort.

Lorsqu'il publia son travail, il y eut une grande effervescence parmi les savants qui s'occupaient de physiologie. Les élèves de Haller répétèrent ses expériences et en publièrent un grand nombre;

parmi eux je citerai Fontana, Castel, Zimmermann, Tissot, Nuckel, Sprægel. On exagéra même la louange, on alla jusqu'à dire que l'irritabilité avait été inconnue jusqu'alors; on soutint que c'était la première des propriétés vitales, que c'était la vie, que c'était l'*âme !*

Nous pouvons montrer le néant de ces exagérations. On connaissait depuis longtemps l'irritabilité; le nom même existait. François Glisson avait appelé l'irritabilité la force qui produit, dans les intestins tirés hors du corps de l'animal, ces mouvements de reptation que nous appelons aujourd'hui mouvements vermiculaires.

Les anciens connaissaient, du reste, les mouvements des chairs arrachées aux victimes offertes en sacrifice : « *palpitantia membra.* »

Quant à dire que l'irritabilité était la première propriété vitale, c'était une erreur bien évidente, mais elle tenait à l'enthousiasme du moment. Cette propriété n'est que la seconde des êtres vivants : le système musculaire est subordonné au système nerveux, le système nerveux à la sensibilité, et celle-ci réside elle-même dans les centres nerveux.

Ce n'est pas non plus la vie, car on voit disparaître l'irritabilité quelque temps après que l'organe où on l'observe a été séparé du corps.

C'était encore moins l'âme ; cependant, cette dernière assertion donna le plus de succès à Haller.

Un physiologiste sérieux, nommé Whytt, soutint que l'irritabilité de l'âme n'existait pas, et que ce que Haller désignait sous ce nom n'était simplement qu'un effet de l'âme. Haller répond : Si vous admettez que l'âme existe dans la partie séparée du corps, vous admettez implicitement que l'âme est divisée. Un autre adversaire de Haller, qui n'aurait pas mérité une réfutation, c'était La Mettrie, un drôle de corps que Frédéric le Grand (qui n'était pas grand par ce côté) avait appelé auprès de lui, parce que son cynisme de matérialisme lui plaisait.

La Mettrie écrivit un livre intitulé l'*Homme machine*, dans lequel il dit qu'il n'y a pas d'âme, que ce que l'on appelle ainsi n'est autre chose que l'irritabilité ; il ajoute que cette découverte est due à M. de Haller, auquel il fait hommage de son livre. Haller a beau protester, La Mettrie, enchanté d'avoir été pris au sérieux, soutient que ce qu'il avait avancé était exact, et que Haller se défendait par modestie. Cette dispute aurait duré longtemps, si La Mettrie n'avait eu le bon esprit de trépasser (c'est la seule fois qu'il fut spirituel). Il mourut d'une indigestion, quelques heures après avoir mangé un pâté de faisan aux truffes, qu'il avait eu la vanité de vouloir manger seul.

Après être resté dix-sept ans à Tubingue, Haller, se sentant malade, fit le voyage de Berne, où ses compatriotes ne négligèrent rien pour le retenir. On le nomma de tous les conseils du pays, on le combla d'honneurs et de dignités. On lui accorda une foule de places, excessivement bien rétribuées. Heureusement que cela ne changea pas ses goûts et qu'il resta toujours aussi dévoué à la carrière des expériences.

Il fit à Berne des expériences sur la génération, sur la formation de l'œuf du poulet, et il admit la préexistence des germes ; il étudia la formation des os et combattit la théorie de Duhamel, et en cela il eut tort.

Haller était fort ardent de suprématie, et il voulait être le premier dans sa sphère ; de là à se croire le seul il n'y avait qu'un pas, et il le franchit. Aussi, lorsqu'il discuta les expériences de Duhamel, il les fit proscrire des écoles et émit l'opinion que les os se forment par une sorte de glu ou de gelée, dont il ne définit pas bien la nature.

A Berne, Haller publia un grand ouvrage physiologique : *les Elementa physiologiæ*, composé de

8 vol. in-4°, fruit de cinquante ans de travail. C'est le plus bel ouvrage de physiologie qui ait jamais été écrit; il est prodigieux d'érudition.

En anatomie, Haller a publié ses *Icones anatomicæ*. En botanique, il a fait l'histoire des plantes de la Suisse, et, dans cet ouvrage, il ne s'attache pas seulement à une méthode unique, particulière; il prend les idées de Jussieu et de Linné, et cherche surtout la distribution des plantes par genres, de manière à ce que cette distribution soit naturelle; on y remarque une étonnante richesse en synonymie.

Comme érudition, Haller a publié quatre gros volumes intitulés : *Bibliotheca botanica*, — *Bibliotheca medica*, — *Bibliotheca chirurgica*, — *Bibliotheca anatomica*. Dans ces quatre volumes, il parle de 52,000 livres et de manière à montrer qu'il les a lus assez pour les connaître.

Pour exprimer d'une manière abrégée son opinion sur le mérite relatif de chacun de ces ouvrages, il employait divers signes. Ainsi, lorsque l'ouvrage n'était pas digne d'être recommandé, il mettait simplement le titre; si l'ouvrage était assez remarquable, il mettait une étoile; s'il était plus important, il mettait deux étoiles, et enfin lorsque c'était un ouvrage très-supérieur, il accordait trois étoiles; cela ne lui arrivait pas très-souvent.

Le caractère de Haller était d'une force et d'une fermeté remarquables. Un jour, en montant un escalier, il tomba et se cassa le bras droit; on lui fit un premier pansement; quelque temps après, son médecin, venant pour le soigner, le vit occupé à écrire de la main gauche; il lui en fit le reproche. Haller consentit avec peine à se faire traiter, disant que pour écrire une seule main lui suffisait.

Il était d'un caractère impérieux, comme on le voit dans sa correspondance avec Linné. Celui-ci est toujours, dans ses lettres, naïf, confiant, plein de candeur. Mais Haller, quoique moins âgé d'un an, prend toujours un ton raide et magistral.

Disons un mot de ses poésies : elles sont pour la plupart philosophiques. Il a fait des odes sur le matin, sur l'origine humaine, sur la gloire, sur la vertu : on y trouve des idées élevées, un certain bon sens d'homme positif, mélangé de phrases emphatiques. Ainsi il traite la gloire de *néant estimé*.

Il estimait beaucoup ce néant !

On visitait souvent Haller à Berne. Lorsque Voltaire s'établit à Ferney, les visites se partagèrent. On allait même plus souvent chez Voltaire, ce qui ne plut pas beaucoup à notre Bernois. Il témoigna beaucoup d'humeur contre le philosophe français. Celui-ci, qui l'ignorait, et qui était bon diable, au fond, louait très-fort son rival.

Quelqu'un vint un jour visiter Voltaire, et lui dit qu'il venait de voir Haller. — Vous êtes bien heureux, lui dit le philosophe, d'avoir vu un si grand homme. — Il ne parle pas si bien de vous, lui dit le visiteur. — Peut-être que nous nous trompons tous les deux, reprit Voltaire.

Haller mourut en 1777, à l'âge de soixante-dix ans. On le compte comme un des trois grands naturalistes de son siècle, à côté de Buffon et de Linné.

C'est lui qui a commencé le grand problème de la localisation des forces ; mais il n'étudie pas le système nerveux central. Ce n'est qu'en 1822 que l'ignorance a commencé à cesser sur ce point. M. Flourens fait voir que le cerveau est un organe multiple composé de plusieurs autres organes particuliers ayant chacun une fonction propre. Ainsi, d'après ces recherches, les lobes cérébraux sont exclusivement le siége de l'intelligence ; le cervelet est le siége de fonctions jusqu'alors inconnues. Lorsqu'on enlève cet organe à un animal, celui-ci ne peut pas se tenir debout. Les tubercules quadrijumeaux président au sens de la vue. Enfin, dans la moelle allongée, à un point appelé le nœud vital, siége le principe de la vie.

On peut voir quels progrès nouveaux ces études ont fait faire pour établir les bases de la philosophie. Ainsi on se disputait pour savoir si la volonté et le mouvement sont la même faculté ou bien deux facultés distinctes.

M. Flourens montre que la *vie est distincte de l'intelligence*, car celle-ci réside dans les lobes cérébraux, et qu'en retranchant ces organes, l'animal continue à vivre, et il peut même vivre toujours si on supplée à l'intelligence qu'on lui a ôtée.

La *sensibilité est distincte de l'intelligence*. On disait, avant nous, que les idées sont des sensations transformées. Cela n'est pas, car le cerveau, organe où siége l'intelligence, est parfaitement insensible, tandis que la moelle épinière, les nerfs, sont des parties sensibles.

La *perception est également séparée de la sensation*. En effet, si on enlève les tubercules quadrijumeaux, l'animal perd la vue, mais conserve pourtant la faculté de perception. Si, au contraire, on enlève le cerveau, l'iris reste mobile, la rétine impressionnable; il y a sensation, mais il n'y a plus perception.

La *volonté et le mouvement sont deux choses dis-*

tinctes. Le mouvement se fait chez un animal à qui on enlève le cerveau ; mais si on vient à enlever le cervelet, le mouvement est anéanti et l'intelligence reste. Donc l'on voit que la volonté est la cause occasionnelle intérieure du mouvement.

Enfin on sait qu'il y a une grande différence entre les animaux inférieurs et supérieurs, au point de vue de la résistance de la vie aux sections de parties. Que l'on coupe la tête à un ver, ou à une mouche, il ne mourra pas.

Saint Augustin étant allé se promener un jour avec les élèves de son séminaire, rencontra un de ces vers nommés *millepieds*, lequel frappé d'un stylet, se divisa en deux parties, toutes deux vivantes. Ce fait appela l'attention de saint Augustin, qui fit sur ce sujet un livre entier : *De quantitate animæ*.

On voit donc chez les animaux inférieurs la divisibilité de la vie.

Dans les classes supérieures, la vie est localisée : lorsqu'on frappe le nœud vital chez un mammifère, il succombe aussitôt.

DAUBENTON

Daubenton, Jean-Louis-Marie, naquit en 1716, à Montbard, patrie de Buffon. Ses parents l'envoyèrent à Paris suivre ses études théologiques, mais il y étudia la médecine et principalement l'anatomie. Il se fit recevoir docteur et retourna dans son pays.

Certes, il y aurait été un médecin estimable, mais obscur assurément, sans une circonstance heureuse qui vint lui ouvrir une nouvelle carrière. Buffon fut nommé en 1739 directeur du Jardin du Roi, et comme tel il se proposa d'embrasser et de peindre la nature tout entière. Il se demanda d'abord comment le globe que nous habitons est formé, puis que sont les planètes qui nous entourent. Après cela, il étudia les êtres vivants, et comme il voulait en faire une histoire complète, il ne dut pas se borner à leur extérieur, mais pénétrer dans leur organisation interne, c'est-à-dire qu'il résolut de joindre l'anatomie à la zoologie.

Or Buffon avait pour cela besoin de secours : il n'y avait pas en lui l'étoffe d'un anatomiste. Il avait la vue courte, il ne pouvait travailler, comme il le dit lui-même, qu'avec des manchettes, de sorte que l'étude de l'anatomie ne lui était pas possible.

Mais Buffon était très habile, et surtout habile à se faire aider. Il se rappela qu'il avait à Montbard un camarade d'enfance qui s'était livré à Paris avec goût et beaucoup de talent à l'étude de l'anatomie. Il fit venir Daubenton auprès de lui, et le nomma garde démonstrateur du Cabinet, en 1745.

Ce choix prouve à lui seul combien Buffon mettait de tact en toute chose. Car il ne pouvait mieux rencontrer que Daubenton. Il lui fallait des yeux et une main. Il eut la main la plus habile et les yeux les plus sûrs qu'il pût désirer.

Daubenton disséqua près de 200 espèces, et, dans ce travail si long et si fatigant, il apporta une attention si exacte, si continue, que ce serait peine perdue que d'y rechercher des erreurs. Le grand mérite qu'il a eu, c'est d'avoir contribué à la rénovation de l'anatomie comparée, dont Aristote avait

déjà jeté les fondements, mais qu'on avait oubliée.
Au moyen âge, il y avait sur ce point un désordre
complet, et il avait fallu tout recommencer. On
recommença au temps de Perrault et de Duverney.
Aussi, allons-nous consacrer quelques mots à ces
deux hommes illustres.

Louis XIV avait établi une ménagerie à Versailles. En 1699, époque fameuse pour l'Académie
des sciences, car c'est alors qu'elle fut renouvelée
et qu'elle nomma Fontenelle son secrétaire perpétuel, à cette époque, dis-je, la section d'anatomie
de cette assemblée fit disséquer tous les animaux
qui mouraient à Versailles.

Perrault et Duverney furent spécialement chargés de ce soin. Le premier faisait les descriptions
écrites, le second les dissections; ce dernier fut un
des plus grands anatomistes de ce temps-là; son
habileté était sans égale, et ajoutons qu'à une
époque où l'on ne s'occupait que d'anatomie humaine, il y joignit l'anatomie comparée.

Quant à Claude Perrault, il avait une grande
capacité. Il était très-savant médecin, l'un des plus
grands anatomistes de son temps et un architecte
de génie: c'est à lui que l'on doit la magnifique
colonnade du Louvre.

C'est de lui que Boileau a dit ces deux vers si connus :

> Dans Florence jadis vivait un médecin,
> Savant hâbleur, dit-on, et célèbre assassin [1].

Perrault et Duverney s'acquittèrent de leur travail de la manière la plus heureuse; ils comprirent qu'il fallait tout recommencer, car on manquait de confiance dans les observations faites depuis la Renaissance.

Ils firent l'anatomie des animaux sans plan ni méthode. Ils disséquèrent un lion, puis une lionne, puis un porc-épic, un singe, un léopard. On profitait des animaux à mesure qu'ils mouraient : c'étaient des matériaux pour l'anatomie comparée. Le premier pas était fait; Daubenton fit le second; mais il suivit le plan de Buffon, qui lui-même n'en

---

[1] C'est pour la rime que Boileau avait dit cette méchanceté. Du reste, voici la cause de sa haine contre Perrault.

Charles Perrault, le spirituel auteur de *Peau d'Âne*, du *Petit-Poucet* et de tous ces charmants petits contes destinés aux enfants, avait dit que les modernes pouvaient avoir autant d'esprit que les anciens. C'était pourtant à l'avantage de Boileau et de Racine; mais ces deux auteurs le prirent à partie; et c'est alors que le premier attaqua non-seulement Ch. Perrault, mais encore son frère Claude.

avait pas ; comme, lui il écrivit selon que l'ordre
était plus favorable à son talent.

Daubenton n'avait donc pas de plan pour l'étude
conservatrice des animaux, mais il s'en fit un pour
les procédés de descriptions ; il rendit toutes ses
descriptions comparables en tous points et nomma
d'un même nom toutes les parties correspondantes.
Ainsi, pour le squelette, il étudia d'abord le crâne,
puis les vertèbres, le thorax, les extrémités. Pour
le crâne, il compara le nombre des os chez l'homme,
le cheval, etc., et nomma les os du même nom chez
tous les animaux. C'était là une idée heureuse ; c'était
une sorte d'introduction aux travaux qu'ont faits
de nos jours Et. Geoffroy Saint-Hilaire et Cuvier.

Pour citer un exemple de l'utilité de la méthode
employée par Daubenton, prenons comme lui le
membre inférieur de l'homme ; il se compose des os
suivants : fémur, tibia, péroné, tarse, métatarse,
phalanges. Chez le cheval, Daubenton ne retrouve
pas le tarse, mais à la place il voit ce que l'on appelle l'os du canon, et derrière lui deux petits os
que l'on nomme les épines, puis l'os du sabot, sur
lequel appuie l'animal. Il se demande quels sont
tous ces os. Il reconnaît alors que le canon n'est
autre chose qu'une partie du métatarse, que cet os
représente à lui seul au moins trois os du méta-

tarse chez l'homme, et que les deux épines sont des débris des rudiments des autres os du métatarse; quant à l'os du sabot, il prouve que c'est la dernière phalange du doigt de l'homme.

Tout cela est ingénieux et l'on n'a eu qu'à continuer cette manière pour parcourir la voie ouverte par Daubenton et si suivie de nos jours.

Après de tels services rendus à l'ouvrage de Buffon par Daubenton, il semble que l'union entre ces deux hommes dut être indissoluble, — c'est pourtant alors qu'elle se rompit.

Buffon, enchanté du grand succès de ses quinze premiers volumes, et ayant entendu dire qu'il aurait plus de lecteurs s'il pouvait diminuer le format et retrancher l'anatomie, fit faire une nouvelle édition en treize volumes petit in-12.

Daubenton ne le lui a jamais pardonné, et à partir de cette époque il ne voulut plus travailler avec lui. Quoique Buffon eût eu besoin de son talent pour traiter de l'anatomie des oiseaux, il fut obligé d'avoir recours à Guenean de Montbéliard, homme de grand savoir, mais médiocre anatomiste, et à l'abbé Bexon. La collaboration de ces deux auteurs ne fut pas brillante; ils ne donnèrent à

Buffon qu'une compilation des travaux de Perrault
et Duverney.

Rendu tout entier à sa liberté, Daubenton publia plusieurs travaux. Il fournit quelques articles
à l'*Encyclopédie* et présenta plusieurs Mémoires à
l'Académie. Je ne citerai que ceux qui ont le plus
occupé l'attention des naturalistes.

En 1762, il publia un travail sur les os remarquables par leur grandeur. Ce qui fait l'intérêt de
ce mémoire, c'est qu'il se rapporte à une opinion
généralement accréditée chez le vulgaire, je veux
parler de la dégénérescence progressive de l'espèce humaine. On dit que nous sommes de petits
hommes, tandis que nos ancêtres très-éloignés
étaient des géants. Aussi trouve-t-on dans les
poëtes antiques un grand respect pour les grands
ossements que le laboureur rencontrait en culti-
vant la terre, — *grandia ossa!*

Au commencement du xviii⁰ siècle, on découvrit
dans le Dauphiné de grands ossements que les
instruments des ouvriers avaient brisés en plusieurs morceaux. Masurier, chirurgien du pays, fit
transporter ces os à Paris, et dit qu'ils apparte-

naient à un géant, le roi Teutobochus, qu'on les avait retirés d'un cercueil long de 30 pieds, et qu'on avait vu sur la pierre du sépulcre cette inscription : *Teutobochus rex*. D'après Masurier, ce géant aurait eu 25 pieds de haut !

Tout Paris fut enchanté et voulut voir le phénomène ; il crut, selon son usage, à tout ce que l'on disait, mais bientôt il s'en moqua.

On avait trouvé aussi, en 1696, dans la principauté de Gotha, quelques os d'éléphant ; déjà le grand-duc avait assemblé un conseil de savants pour leur demander à quel animal ces os appartenaient : on lui avait répondu que c'étaient simplement des *jeux de la nature !*

Il était temps qu'un homme habile, un véritable anatomiste vînt examiner tous ces faits fabuleux. Daubenton rassembla tous les ossements qu'on avait trouvés, et vit qu'ils appartenaient à divers animaux, tels que l'éléphant, le rhinocéros, l'hippopotame.

Il y avait au Garde-Meuble un os qu'on disait appartenir à un ancien géant. Daubenton l'étudia, et, par un véritable tour de force, il annonça que c'était le radius d'une girafe. Or, cette découverte anatomique est d'autant plus extraordinaire que

Daubenton n'avait jamais vu de girafe. De nos jours, Cuvier a confirmé ce fait.

En 1764, Daubenton fit un mémoire sur la position du trou occipital. A cette époque, on avait des idées fort vagues sur les caractères particuliers de l'homme. Une certaine philosophie admettait que l'homme avait été primitivement un animal fort ressemblant au singe, qu'il avait marché à quatre pattes, puis que peu à peu il s'était habitué à la station verticale.

Daubenton fit voir que l'homme, l'eût-il même voulu, n'eût jamais pu marcher sur ses quatre membres, et de plus qu'il est le seul qui puisse se tenir debout. Voici comment Daubenton arriva à sa conclusion. A la partie inférieure du crâne se trouve le trou occipital, lequel se continue avec le canal rachidien formé par la réunion des vertèbres. Chez l'homme, ce trou occupe à peu près le milieu de la base du crâne; aussi, le crâne ayant autant d'étendue en avant qu'en arrière de ce trou, se tient en équilibre sur la colonne vertébrale; l'homme n'a donc pas besoin de muscles très forts pour tenir sa tête droite, mais chez les quadrupèdes le trou occipital est placé bien en arrière du crâne. La tête tombe en avant, et elle tomberait encore plus si l'animal se tenait debout. Pour empêcher cette projection continuelle de la tête en avant, il y a chez les quadrupèdes de forts ligaments élastiques, insérés aux apophyses épineuses de la colonne vertébrale. L'orang-outan a une position intermédiaire à celle de l'homme et des quadrupèdes ; il a une démarche oblique.

Une autre raison de la station verticale de notre espèce, c'est que le talon est large et terminé par le calcanéum. Le pied humain pose entièrement sur le sol, tandis que chez l'orang-outan, le chimpanzé, le gorille, le pied ne porte que par un côté, le talon n'est pas renflé en dessous. Les singes donc sont quadrumanes et organisés pour grimper.—De plus, leur train postérieur est faible relativement à l'antérieur ; ils n'ont pas comme nous des fesses et des mollets. L'homme a en outre ses yeux devant lui ; il embrasse un immense horizon, et a, par sa station verticale et sa démarche bipède, la liberté entière de ses mains ingénieusement disposées pour servir à des usages divers.

En 1766, Daubenton fit un travail sur l'amélioration des laines de nos troupeaux. On tirait alors presque toute la laine d'Espagne ; aussi, en temps de guerre avec ce pays, il était impossible de s'en procurer. Daubenton imagina d'affranchir la France de ce tribut onéreux, et de faire, avec les races françaises de moutons, une laine aussi belle que celle des moutons espagnols. Il fit accoupler des brebis et béliers à toisons les plus longues et unit entre eux les petits qui avaient la toison la plus riche. De cette manière il obtint des laines magnifiques.

Voici quelques détails sur ses expériences; ils sont relatifs à la longueur, l'abondance, la pureté des laines et à la taille des moutons :

1° *Longueur de la laine.* Il prit pour souche un bélier du Roussillon, dont la laine avait six pouces de longueur, et une brebis de Bourgogne, dont la laine avait trois pouces. A la première génération, il eut une laine de cinq pouces; au bout de sept à huit générations, une laine de vingt-deux pouces.

2° *Abondance de la laine.* Le premier bélier avait une toison pesant deux livres. Celles des générations suivantes pesèrent successivement six, huit, douze livres.

3° *Pureté de la laine.* Tous les animaux ont deux sortes de poils : l'un soyeux et coloré, qui est à l'extérieur; l'autre, qui est placé au-dessous, qui est fin, c'est la *laine*, le duvet avec lequel on fait toutes les étoffes : ainsi le duvet des chèvres de Cachemire sert à faire les châles de ce nom. Daubenton obtint, au bout de quelques générations, une grande finesse dans ce duvet.

4° *Taille des moutons*. Le premier bélier avait vingt pouces de hauteur; Daubenton arriva bientôt à en obtenir de quarante pouces.

Nous n'agissons pas aujourd'hui autrement que ne l'a fait Daubenton pour créer artificiellement de nouvelles races domestiques; nous unissons ensemble les mâles et les femelles les plus grands pour avoir la plus grande race de chevaux, les mâles et les femelles les plus petits pour avoir la plus petite race de chiens.

En 1782, Daubenton fit son ouvrage intitulé : *Instructions pour les bergers*. Cet ouvrage le rendit populaire; aussi, lorsque, en 93, il demanda un certificat de civisme, on le refusa à Daubenton le professeur, et on l'accorda au berger Daubenton.

En 1778, il fit un cours de minéralogie au Collége de France; en 1784, il publia un tableau méthodique des minerais; en 1785, il professa l'économie rurale à Alfort; en 1793, il fut nommé professeur de minéralogie au Muséum d'histoire naturelle.

En 1795, il fit des leçons à l'école normale. Ces

leçons ont été conservées, et nous font connaître sur l'homme des particularités qu'on n'aurait certes pas soupçonnées.

On voit par elles que Daubenton n'était pas un homme à grandes vues, mais à doctrine saine, qu'il avait un grand désir d'instruire les jeunes gens, et qu'il était propre à leur faciliter les premiers pas dans la carrière des sciences naturelles.

Mais il y a certains passages qu'on est fâché d'y trouver. J'ai déjà parlé de son chagrin lorsque Buffon supprima l'anatomie dans la petite édition de son *Histoire des quadrupèdes*. Nous sommes maintenant en 1795. Buffon n'est plus, il s'agit de leçons faites à l'École normale; il semble donc que le souvenir de l'offense soit effacé. Il n'en est rien; voici ce que dit Daubenton sur Buffon :

« Un orateur célèbre (un orateur…. Buffon ! un grand écrivain, à la bonne heure !)….. et très-modeste, grand philosophe et grand écrivain dans le genre sublime (tout cela est vrai, mais c'est dit avec ironie)….. nous représente le lion comme le roi des animaux;…..le lion n'est pas le roi des animaux ; il n'y a point de roi dans la nature[1]. » — S'il y a un roi des animaux, c'est celui qu'ils craignent !

------

[1] Séance des écoles normales, etc., t. I, p. 291.

Daubenton dit ailleurs : « L'éloquent auteur dont il s'agit..... fait le chat infidèle, faux, pervers, voleur, souple et flatteur comme les fripons. Voilà une grande opposition à la noblesse et à la magnanimité du lion, et aussi de bons moyens pour faire briller les charmes du style [1]. »

Daubenton est ici trop naturaliste. Lorsque Buffon appelle le lion *roi* et le chat *fripon*, personne assurément ne s'y trompe; le fait reste le fait, et Buffon y ajoute le trait qui nous intéresse.

Buffon n'avait pas besoin d'être régenté. Lorsqu'il commença à écrire, il n'avait pas de méthode, et Daubenton pas plus que lui. Daubenton a un style plat, Buffon a un style magnifique. Que Daubenton dise que Buffon n'a pas compris ce qu'a dit Linné, c'est très-bien, mais il devait ajouter que ce grand homme (qui a au moins montré qu'il était susceptible de se perfectionner) avait fini par être un des plus profonds méthodistes que nous ayons eus, comme nous le prouve bien son *Histoire des oiseaux*.

Daubenton, si estimable malgré les petites taches qu'il nous présente, avait la vie la plus simple. Son délassement consistait à lire avec sa femme les ro-

[1] Idem, p. 292.

mans les plus frivoles et les plus médiocres; il disait
qu'il mettait ainsi *son esprit à la diète*.

Il fut nommé membre du Sénat, en 1805; il s'y
rendit à la première séance et fut frappé d'une
attaque d'apoplexie.

« Daubenton, dit M. Flourens, s'occupa de ma-
» tières philosophiques, et voici sur quel sujet.
» Buffon n'avait jamais voulu admettre les causes
» finales. Buffon parle ainsi : « Dire qu'il y a de la
» lumière parce que nous avons des yeux, qu'il y a
» des sons parce que nous avons des oreilles, ou
» dire que nous avons des oreilles et des yeux parce
» qu'il y a de la lumière et des sons, n'est-ce pas
» dire la même chose, ou plutôt que dit-on? »

» A cela je réponds : Oui, dire que nous avons
» des yeux et des oreilles parce qu'il y a de la lu-
» mière et des sons, c'est, j'en conviens, ne rien
» dire, mais montrer que tout dans l'œil est admi-
» rablement disposé pour voir la lumière, comme
» tout, dans l'oreille, pour entendre les sons, je le
» demande à mon tour, est-ce là ne rien dire?

» Il y a donc des *fins physiques* comme il y a
» des *fins morales*. Les *causes finales* sont partout,
» et ces rapports assortis, suivis, que je vois par-
» tout, dans le monde physique comme dans le

» monde moral, me ramènent sans cesse, dans le
» monde physique comme dans le monde moral, à
» la cause première et suprême, à la cause qui a
» tout produit [1].

» Daubenton avait à peu près les mêmes idées ;
» il disait que tout est fait dans un but déterminé.
» Les cerises sont petites afin d'être mangées en
» une seule bouchée et par un seul individu ; les
» poires sont un peu plus grosses afin que nous
» puissions les partager avec un ami, et les melons
» sont si volumineux pour que nous en mangions
» avec toute notre famille.

» Oui, il y a des causes, et elles ont été posées
» en vue de certaines fins. Lorsqu'on connaît
» celles-ci et qu'on remonte à la source, on voit
» qu'il n'y a rien d'arbitraire dans l'organisation
» de notre globe. Si notre globe était plus loin du
» soleil, nous ne pourrions pas vivre : il ferait trop
» froid ; s'il était plus près, nous ne pourrions pas
» vivre non plus : il ferait trop chaud ; si l'atmos-
» phère n'était pas composée d'oxygène et d'azote
» et ne renfermait pas ces gaz dans les proportions
» où nous les y trouvons, l'existence de l'homme
» ne serait plus possible. Donc, toute chose a été

[1] Flourens, *Histoire des travaux et idées de Buffon.*

« calculée en vue d'un certain résultat. Ce n'est
« pas par un effet du hasard que le nez présente
« les fosses nasales ; que celles-ci communiquent
« avec la trachée-artère ; que cet organe continue
« par les bronches, lesquelles vont aux poumons.
« Ce n'est pas par hasard que le sang arrive au
« poumon en même temps que l'air qui doit le vivi-
« fier. Tout a une cause :

  « Mens agitat molem et magno se corpore gaudet.

  « C'est une des gloires intellectuelles de l'homme
« que de voir tous ces rapports. C'est le grand hon-
« neur des sciences naturelles que de montrer avec
« évidence cette belle chaîne de grands rapports [1]. »

---

[1] Tant qu'il reste dans ces limites, M. Flourens a raison ; il
démontre simplement l'harmonie qui règne dans la nature ; mais
il va trop loin lorsqu'il dit que rien ne change dans les conditions matérielles du globe.

LES HOMMES A QUEUE

J'ai montré plus haut que les monstruosités ne sont point des écarts des types normaux, mais des temps d'arrêt dans le développement de ces types.

A l'appui de cette thèse, je citerai l'existence probable d'une queue chez certaines peuplades de l'Afrique.

Ce fait, que les gens du monde considèrent comme merveilleux, est une preuve convaincante de l'unité de composition organique.

Au premier abord, l'existence de peuples à queue paraît invraisemblable, parce que les singes, les plus voisins de notre race, sont dépourvus de cet appendice; mais si l'on songe que le fœtus humain est muni, dans les premières périodes, d'un prolongement caudal, on comprendra que, par suite de circonstances spéciales, modifiant le développement du fœtus, cette queue puisse ne pas disparaître.

Ceci établi, disons quelques mots sur l'histoire de la question :

Pline est le premier qui parle de l'existence d'hommes à queue ; mais son témoignage doit être suspecté, car ce même naturaliste admettait l'existence d'hommes sans tête, sans bouche, etc.

En 1635, Nuremberg dit qu'il y a une queue chez certains hommes : « *Eadem infamia alii homines Europæi laborant.* »

En 1662, un prêtre du nom de Schottus écrit, dans ses *Physica curiosa*, que, de son temps, on connaissait plusieurs observations de voyageurs ayant vu des hommes à queue.

Mais Schottus admettait aussi des hommes sans tête, et des hommes ayant le visage au milieu de la poitrine !

Tous les auteurs que je viens de citer étaient d'accord sur ce fait, que les hommes à queue habitaient en Asie, soit à Manille, comme le disait Schottus, soit à Java, comme le prétend Bontius.

Au contraire, les témoignages les plus dignes de foi de nos auteurs contemporains tendent à faire

croire que ces peuples exceptionnels habitent
l'Afrique.

Avant d'aborder ces témoignages, je vais dire
comment l'attention publique fut fixée sur ces faits.

Un voyageur intrépide, Ducouret, rapporta qu'il
y avait en Afrique des hommes munis d'un prolongement caudal. Ducouret n'était ni un anatomiste,
ni un zoologiste; il n'avait jamais vu les faits qu'il
avançait; aussi ne donna-t-on pas créance à ses
assertions. Du reste, dans le dessin qu'il avait fait
de ces *Ghilanes*, il plaçait leur queue, non point à
l'extrémité du coccyx, mais au milieu du sacrum,
ce qui est contraire à toutes les lois de l'organisation.

Ducouret, peu flatté de l'accueil fait à ses prétendues découvertes, revint en France avec deux
autres voyageurs, MM. Arnaud et Vayssières, qui
confirmèrent les observations de leur compagnon,
et ajoutèrent, comme lui, que les hommes à queue
étaient un peuple anthropophage.

Cette assertion nouvelle ne fut pas mieux ac-
cueillie que la première.

Enfin, dans ces derniers temps, M. de Castelnau, consul de France à Bahia, travaillant à une

carte complète de l'intérieur de l'Afrique, eut l'occasion d'interroger une foule de nègres que la traite faisait débarquer au lieu de sa résidence.

Il apprit alors, de l'un d'eux, l'existence d'un peuple appelé *Niam-niam*, et pourvu d'une queue longue de 2 pouces.

Le nègre ajoutait que ces hommes étaient fort laids et anthropophages. Plusieurs de ses compatriotes, interrogés par M. de Castelnau, confirmèrent ses déclarations. Du reste, notre consul, pour s'assurer de la véracité de ces hommes, leur demanda, tout en feignant de l'ignorer, la description de quelques animaux de leurs pays : l'éléphant, le rhinocéros, etc.

Ayant obtenu des réponses exactes sur ces points, il fut en droit de conclure que les assertions des nègres sur l'existence d'hommes à queue n'étaient pas entachées de mensonge.

Sur ces entrefaites, M. Isidore Geoffroy Saint-Hilaire reçut la visite de Mohamed-abd-el-Djellid, beau-frère du sultan Bello et parent de l'empereur du Maroc. Ce prince confirma les faits énoncés par M. de Castelnau.

Voici ce que j'ai trouvé, sur ce sujet, dans les notes de M. Geoffroy Saint-Hilaire :

« Mohamed-abd-el-Djellid déclare par l'intermédiaire de son interprète :

« 1° Qu'il a vu chez son père une fille esclave à queue, qui a vécu sept ans chez le sultan et est morte jeune encore ; elle venait du sud-ouest de Bournou ; elle avait les yeux plus *lisses* (1) que les autres nègres et une queue à peu près de même forme que le doigt indicateur, mais un peu plus longue ;

« 2° Qu'il a vu plusieurs autres individus de la même race dans ses voyages de Bournou ; les hommes sont anthropophages, ce qui est très-connu dans l'intérieur de l'Afrique. »

Sur le même album j'ai vu une figure fort imparfaite, représentant un *niam-niam*. On lui fait tenir à la bouche quelque chose de rouge pour indiquer que c'est un anthropophage.

M. Geoffroy Saint-Hilaire se convainquit, du reste, de la véracité de Mohamed, en lui demandant la description et le dessin de plusieurs animaux de son pays.

Ayant vu même, chez le savant professeur, une figure de la licorne, animal dont l'existence est encore aujourd'hui problématique, il fit des gestes de dénégation fort expressifs. La licorne était représentée avec une corne verticalement placée sur le museau. Mohamed prit un crayon et dessina une licorne avec une corne horizontalement placée sur le nez.

Ajoutons que le rapport fait à l'Académie des Inscriptions et Belles-Lettres, par M. Reybaud, sur quelques travaux de Mohamed, vinrent donner une preuve de plus de la véracité de ce prince.

Quelque temps après, l'existence d'hommes à queue fut confirmée par Rocher d'Héricourt et par M. d'Abbadie, mon illustre compatriote, retiré actuellement à son château près d'Urugne. M. d'Abbadie apprit le 7 janvier 1852, à la Société de Géographie, qu'un prêtre abyssin lui avait fait part de l'existence d'une queue chez certains peuples. Cette queue avait une *palme* de long.

Nous ignorons la valeur de cette mesure, mais M. d'Abbadie pense qu'elle équivaut à 29 millimètres.

Le prêtre abyssin ajoutait que l'appendice caudal n'existait pas chez les femmes.

Dans la *Gazette hebdomadaire de Médecine*, du 20 octobre 1854, on trouve une note de M. Hupch, médecin de l'hôpital de Constantinople, lequel déclare avoir vu deux individus de notre race munis d'une queue, une négresse anthropophage ayant un prolongement caudal fort court, et enfin un nègre portant le même appendice.

M. Hupch apprit que ces hommes à queue étaient très-connus dans plusieurs pays et fort redoutés.

A ces renseignements viennent s'en joindre deux derniers, récemment adressés à M. Geoffroy Saint-Hilaire.

Le premier est fourni par un lieutenant de tirailleurs indigènes, qui a vu, il y a deux ans, dans son régiment, un *niam-niam* mangeant de la chair crue. Il l'a fait mettre tout nu et a palpé sa queue, qui était longue de 6 à 8 centimètres, flexible, molle et couverte d'un léger duvet.

Le second fait est dû à un général de division de l'armée d'Afrique, qui a vu à Tunis, il y a plusieurs années, une femme à queue. Les enfants la suivaient et l'injuriaient à cause de sa monstruosité. Le même officier général a appris que ces sortes d'esclaves se vendaient à bas prix, parce qu'ils portaient, disait-on, malheur à leurs maîtres.

D'après M. Henri Taupier, voici l'opinion des arabes et des nègres sur les *niam-niam*:

« Ces nègres ne sont pas des hommes, ce sont des monstres. Leur membre se dresse par derrière, entre deux fesses noires ; leurs mœurs sont aussi sauvages que leur aspect. Ils ne savent pas ce que c'est qu'une maison ; ils couchent dans des trous ou dans des broussailles.

Aucun vêtement ne les couvre ; hommes et femmes vont également nus ; ils sont anthropophages, et tout étranger qui pénètre dans leur pays est infailliblement dévoré. On me racontait, avec horreur, que sur une troupe de quarante à cinquante hommes qui y avaient pénétré, un seul avait pu s'échapper pour apprendre à ses compatriotes les horribles coutumes de ces peuples. D'ailleurs, ils ne s'épargnent même pas entre eux, et, dès qu'un d'eux tombe malade, ils le dévorent, fût-il leur parent.

A défaut de nourriture humaine, ils mangent tout ce qu'ils trouvent, les chevaux, les chiens, les ânes, et surtout les serpents qui pullulent dans leurs broussailles. »

On voit, par ce qui précède, que tous les auteurs que nous avons cités sont d'accord sur les trois points suivants :

1° Les hommes à queue habitent le Soudan méridional ou le sud de Bournou;

2° La longueur de leur queue est de 6 à 7 centimètres;

3° Ces hommes sont anthropophages.

Remarquons aussi que ces témoignages nous sont arrivés spontanément et de pays divers.

De là à conclure qu'il y a une *race* d'hommes à queue, il y a un abîme.

Nous pensons, à l'exemple de M. Geoffroy Saint-Hilaire, que l'existence de la queue est une monstruosité se transmettant de génération en génération dans certaines parties du globe, et cela avec d'autant plus de facilité, que ces peuples si féroces sont honnis et redoutés par leurs voisins, et conséquemment forcés de ne s'allier qu'entre eux.

LA CITADELLE MAZARINE

SATIRE EN PROSE

CONTRE

L'ACADÉMIE DES SCIENCES

> *L'Académie des sciences?* — Un temple
> — ou un champ de foire!
>
> L'AUTEUR.
>
> L'Académie des sciences, comme tou-
> tes les académies du monde, est un
> capharnaüm scientifique, où l'on par-
> lotte, discutaille, écrivaille, commen-
> taille, criaille, péroraille, argumen-
> taille, critiquaille, le tout pour avoir
> l'air de faire quelque chose le lundi,
> — innocente occupation avant boire, —
> et pour obtenir son jeton de présence.
>
> UN PRÉFET DE L'EMPIRE

Il y a deux siècles de cela, c'est-à-dire fort longtemps, le roi Louis XIV, — de prodigieuse mémoire, — fonda l'Académie des sciences.

Les choses marchaient mal au début, et il fallut
réorganiser en 1699 ladite société.

15

Maintenant, les choses vont pis encore, — et il serait temps de détruire de fond en comble cette ridicule institution.

Aujourd'hui, tout le monde veut s'instruire, — le travail effectif de l'homme a été remplacé par celui des machines, et pour faire fonctionner celles-ci, il faut que l'homme connaisse leurs rouages, — il lui faut des études consciencieuses, en mathématiques et en mécanique, les deux sciences qui commandent à toutes les autres.

La science envahit tout. Le progrès est à l'ordre du jour. On entasse découvertes sur découvertes, et l'on marche à grands pas vers le perfectionnement universel.

C'est à ce moment, — au moment où l'on va toucher le but, — que l'on entend crier dans l'ombre par une voix nasillarde: *Tu n'iras pas plus loin!* — Ce timbre désagréable est celui de la docte assemblée de vieillards qui siége à 25 francs le fauteuil sous le dôme du palais Mazarin.

Voulez-vous savoir dans quel but on aurait dû fonder l'Académie des sciences? — Lisez Bacon :

« Le but de notre établissement est la découverte des causes et la connaissance des principes des choses, en vue d'étendre les limites de l'empire de l'homme sur la nature, et de lui permettre d'exécuter tout ce qui lui est possible [1], — »

Voulez-vous savoir quels principes ont présidé à sa création? — Lisez Fontenelle :

« Nos *mémoires* ne contiennent point de faits qui n'aient été vérifiés par toute une compagnie de gens qui ont des yeux pour voir ces sortes de choses autrement que la plupart du reste du monde, de même qu'ils ont des mains pour les chercher avec plus de dextérité et de succès, qui voient bien ce qui est, et à qui difficilement on ferait voir ce qui n'est pas, qui ne s'étudient pas tant à trouver des choses nouvelles qu'à bien examiner celles qu'on prétend avoir trouvées, et à qui l'*assurance même de s'être trompés* dans quelques observations n'apporte guère *moins de satisfaction qu'une découverte curieuse et importante, tant l'amour de la certitude prévaut dans leur esprit sur toute autre chose* [1]. »—

Ces phrases loyales et d'une admirable sincérité seraient prises aujourd'hui en façon d'ironie par nos académiciens, et combien je leur préfère cette définition beaucoup plus exacte :

---

[1] Bacon, *Nouvelle Atlantide*, p. 449, traduct. de Lasalle.
[2] Fontenelle, *Histoire de l'académie des sciences. (Mémoires pour servir à l'Histoire naturelle des animaux*, préface, p. 7.)

« Voici pour tout savant la loi immuable et éternelle qui règle sa conduite : — étouffer, comprimer, repousser, écorcher tout homme qui, par l'indépendance de son esprit ou la portée de ses lumières, tendrait à le crétiniser [1]. »

Au reste, comme je le disais plus haut, le progrès scientifique a tué l'Académie des sciences.

Elle n'a plus à régenter ; le progrès marche tout seul et fait des niches à sa gouvernante ; — elle n'a plus à répandre le goût des sciences, — ce goût envahit toutes les classes et toutes les intelligences.

L'Académie éperonnant le progrès me représente un cocher de fiacre qui monterait gravement sur une locomotive et s'escrimerait à coups de fouet à faire avancer ce char de fer qui l'emporte et dont la vitesse l'éblouit.

L'Académie, c'est la routine ; — or, la routine est morte.

Le vrai savant est modeste, il vit pauvre, — ou ne s'élève à la fortune que par des découvertes utiles ; — il cherche à se faire comprendre de tous, il étudie les faits, les explique, les généralise, sans vouloir les rattacher à une théorie à laquelle il puisse donner son nom.

[1] Un préfet de l'Empire.

Le savant académicien, au contraire, est, avant tout, orgueilleux et vain ; — il sait que, le plus souvent, il grimpa sur son fauteuil grâce à la camaraderie et à la protection ; il sait, qu'aux yeux du public intelligent, sa nomination n'a pas de raison d'être, et il cherche à éblouir le public badaud et crédule, en faisant la roue devant lui.

L'Académie est une grande association secrète dans laquelle nul ne doit entrer qui n'ait d'abord fait serment de défendre *unguibus et rostro*, — plus souvent *rostro*, — le sanctuaire vénéré.

Pénétrez un lundi dans ce « *sanctuaire*, » vous apercevrez, au milieu d'une salle oblongue, bon nombre de tables recouvertes de tapis verts (couleur des prés). A chaque table, un, deux ou trois académiciens, — les uns dormant, d'autres lisant, d'autres appuyés nonchalamment sur leur coude, d'autres, enfin, se promenant à travers la salle, parlant à leurs favoris et protégés, à ceux que les Romains appelaient les *clients*, — à ceux que nous appelons maintenant les *romains*. — Ce sont les hommes qui applaudissent ou rient, et poussent des petites exclamations admiratives quand leur illustre patron veut bien élever la voix. — Ce sont les hommes qui causent et bourdonnent à la façon des abeilles, lorsqu'il s'agit d'empêcher la lecture complète d'un mémoire compromettant par sa hardiesse.

Ls séance commence par la lecture du procès-verbal, puis viennent les correspondances, puis les mémoires adressés à l'Académie. Cette lecture est faite d'une voix sourde par le secrétaire perpétuel, M. Elie de Beaumont, un homme atteint d'une extinction de voix ou aphonie chronique, — et cela à l'heure où arrivent à grand bruit les académiciens, les *clients*, les journalistes et le public.

La lecture des mémoires — qui vient ensuite, — outre qu'elle est rendue impossible par le susurrement des *romains*, — est quelquefois interrompue, soit par un académicien qui, saisissant au hasard un seul mot, a cru reconnaître un plagiat fait sur ses œuvres par le malheureux lecteur, — soit par le président qui trouve que ce sont des détails inutiles.

J'ai vu une fois M. de Beaumont refuser de lire une lettre de M. Sédillot sur le traitement des épanchements thoraciques, et répondre à M. Velpeau qui en réclamait la lecture, « que ces détails techniques n'offraient que peu d'intérêt à la majorité des assistants. »

Une autre fois, M. Despretz, président, voulut interrompre la lecture d'un travail de M. Faye : —

il lui fut répondu par M. Leverrier que, quelque temps auparavant, on avait religieusement écouté jusqu'au bout un long *factum* « de *M. Despretz*. »

Une fois le mémoire lu, le président nomme, pour le juger, une commission composée d'un botaniste, d'un chirurgien, d'un algébriste et d'un astronome ; on fourre le mémoire dans un carton, ou, suivant l'expression de mon *préfet de l'Empire*, on le lit en tapinois pour en faire son profit.

Quelquefois, au bout de deux ans, on vient déclarer, — comme l'ont fait MM. Despretz, Poncelet, Duhamel et Becquerel, pour un mémoire de M. Lacombe, présenté en 1856, que « ce mémoire reposant sur des hypothèses non encore vérifiées, il n'y a pas lieu à faire un rapport !!! »

Tous les ans, l'Académie distribue des prix ; mais, hélas ! ici l'abus est bien plus grand que pour les rapports. L'Académie, a posé des questions préparées d'avance, il s'agit de faire les réponses du catéchisme qu'elle établit. — Au lieu de laisser le champ libre aux intelligences qui valent, elle le sait bien, celles de la plupart de ses membres, elle les resserre dans un cercle étroit, de peur d'avoir à juger des choses hors de portée de sa prétendue science.

Et si ce n'était encore que cela ! Mais la distribution des prix se fait à la diable, grâce aux protections, aux visites et aux dîners dont les concurrents ne cessent d'accabler leurs juges.

Cette année, M. Doyère, pour de misérables recherches, pour des découvertes de seconde main ou d'une importance contestable, n'a-t-il pas remporté le prix Bréant, prix de 4,000 fr., destiné « à celui qui aura démontré dans l'atmosphère l'existence de matières pouvant jouer un rôle dans la production ou la propagation des maladies épidémiques ! ! ! »

Chose plus violente encore !

Le baron Trémont a fondé un prix annuel de 1,000 fr. « pour aider un savant *sans fortune* dans les frais de travaux et d'expériences qui feront espérer une découverte ou un perfectionnement très-utile dans les sciences ou dans les arts libéraux industriels. »

Or, l'Académie a décerné ce prix à un millionnaire, à M. Rumkoff, riche fabricant d'instruments de physique, et dont l'Académie connaît si bien la fortune, que le rapporteur, M. Pouillet, dit en parlant de M. Rumkorff : « qu'il est devenu l'ingénieur de prédilection des *savants de tous pays.* »

« Est-ce là un savant *sans fortune ?*

Je ne me livrerai pas, dans ce livre qui touche à

ses dernières pages, à une critique approfondie de l'œuvre de l'Académie des sciences.

Il faudrait pour cela un gros volume, et je ne désespère pas de le faire un jour.

Je me borne aujourd'hui à présenter, sous une forme rapide et plaisante, les caractères de certains membres de l'Institut que leurs travaux ont mis le plus en relief et avec les noms desquels le public me paraît le plus familiarisé.

**

Dumas, — naquit en 1800 à Alais (Gard), où il étudia la pharmacie, alla ensuite à Genève, où il continua ses études d'apothicaire.

Fut nommé en 1821 répétiteur des cours de chimie de l'École polytechnique, épousa la fille d'Alexandre Brongniart ;—fut nommé en 1849 par le département du Nord à l'Assemblée législative, où il défendit le sucre indigène ; — fut ministre de l'agriculture, du 31 octobre 1850 au 9 janvier 1851 ; — fit partie, après le coup d'État du 2 décembre, de la Commission consultative, entra au Sénat et enfin au Conseil de l'instruction publique, dont il est vice-président.

M. Dumas a beaucoup étudié la chimie organique ; il a fait un volumineux traité de chimie fort peu estimé. Le plus beau fleuron de sa couronne, c'est la théorie des *substitutions*. M. Dumas prétend toujours asseoir la science sur des *bases positives*. Encore faudrait-il qu'il posât lui-même ces bases.

M. Dumas est très-ambitieux, très-vain de sa personne. Lorsqu'il faisait son cours, — un ex-ministre !! — il était toujours irréprochablement chemisé, cravaté et culotté ; ses cheveux, imprégnés de la pommade du docteur Frank, avaient repris leur *couleur naturelle*, et reluisaient au feu des fourneaux. Son geste s'arrondissait avec éloquence, sa tête se carrait sur son cou et sa voix ânonnait de son timbre désagréable une leçon longue et embrouillée : un vrai pathos de chimiste.

Nota bene. M. Dumas tient surtout à la hauteur de son front, — signe de génie !...

*
* *

LE MARÉCHAL VAILLANT. — Je le laisse raconter lui-même sa vie. Je n'aurais dit ni mieux ni plus vrai. C'est une lettre écrite à un M. Vaillant, qui recherchait la parenté du savant académicien.

Paris, 17 octobre 1852.

« Monsieur, vous m'avez écrit une bonne lettre, et celui qui l'a écrite doit être un brave homme ; je serais très-fier qu'il fût mon parent ; mais je ne sais pas si nous pourrons éclaircir ce point.

» Le nombre des Vaillant est fort grand en France, et il y a peu de probabilité qu'ils aient une souche commune : il est plutôt à croire que c'étaient dans l'origine des gens de pas grand'chose, comme naissance, qui ayant montré du courage, ont reçu ce sobriquet flatteur.

» C'est encore la mode dans le midi de la France, et ce devait être très-commun autrefois, quand les actes civils étaient mal tenus, et que les *vilains*, comme vous et moi, monsieur, comptaient pour si peu dans le monde ; mais laissons cette digression et venons au fait que vous tenez à éclaircir.

» Mon père, que j'ai eu le malheur de perdre en 1823, avait été secrétaire du district de Dijon, puis secrétaire général de la préfecture de la Côte-d'Or en 1815. Il fut nommé représentant pendant les Cent-Jours, puis destitué de son emploi de la préfecture, emprisonné comme bonapartiste, etc.

» J'étais alors à l'armée, derrière la Loire ; mon père est mort pauvre, mais estimé de tous. Je ne

lui ai pas connu un seul ennemi. Ses amis l'appelaient Jésus-Christ, tant il était bon pour tout le
monde. Je ne lui ressemble en rien. Il était mince,
et je suis fort et gros; il était doux, et l'on me
trouve bourru; enfin il avait autant de belles et
bonnes qualités qu'on dit que j'ai de défauts, et je
crois qu'on ne se trompe pas. Mon père a élevé une
nombreuse famille bien réduite aujourd'hui. J'ai
une sœur mariée à Dijon, une autre qui est veuve
et dont le fils, M. Giradde, est ingénieur des ponts
et chaussées à Châtillon-sur-Seine; il est presque
votre voisin. J'avais un frère cadet que j'ai eu le
malheur de perdre en 1814. Mon père avait un
frère aîné qui est mort bibliothécaire de la ville de
Dijon; mon grand-père était petit marchand de
soie sur la place Saint-Vincent à Dijon; son père
avait été cordonnier; je ne puis remonter plus haut;
mes quartiers de noblesse s'arrêtent là. J'ai entendu dire qu'un de mes grands-oncles avait été
soldat et blessé dans le Canada.

« Mon père avait épousé une demoiselle Can-
quoin. Un frère de ma mère est mort curé à Genlis
(Côte-d'Or); c'était un excellent homme; nous le
regrettons tous les jours; son frère avait été directeur de l'Enregistrement; nous l'avons perdu en
1829.

« Je n'ai pas d'enfant, et c'est le plus grand chagrin qu'ait pu me faire le bon Dieu. Je ne lui ai jamais demandé ni richesses, ni honneurs ; il m'a donné ce que je ne désirais pas et m'a enlevé, l'an passé, mon beau-fils, l'enfant de ma femme. Il faut se soumettre à ses décrets.

« Je suis né à Dijon, le 6 décembre 1790 ; à peine si je me rappelle ma mère ; nous étions pauvres, bien pauvres. Nous avons été élevés bien doucement, bien tendrement, mais au milieu des privations de toute espèce. La bonne qui m'a reçu vit encore ; elle habite Dijon ; mes sœurs et moi nous l'aimons comme une mère ; elle nous aime comme si nous étions ses enfants. Le bon Dieu ne fait plus des êtres dévoués comme l'a été cette fille, qui nous a tous reçus dans ce monde et soignés avec un amour que je ne saurais exprimer ; elle a refusé vingt partis pour rester avec nous qui lui donnions cependant tant de mal.

« Je suis entré à l'École polytechnique à seize ans, j'en suis sorti pour entrer dans le génie. Le grade qui m'a fait le plus de plaisir, c'est celui de caporal à l'École. J'ai fait la campagne de Russie, celle de 1813 ; j'ai été fait prisonnier à la fin de 1814 ; j'étais à Waterloo ; j'ai été blessé à la défense de Paris, en 1815 ; j'ai eu la jambe labourée par un biscaïen au siége d'Alger, en 1830. Mes chefs ont dit qu'ils étaient contents de moi au siége d'Anvers, en 1832.

« L'Empereur m'a dit qu'il était content de moi au siége de Rome.

« Voilà, monsieur, mon histoire à peu près complète. Je serai très-content si vous trouvez dans tout cela quelques preuves d'une communauté d'origine entre votre famille et la mienne.

« Je vous prie d'agréer l'assurance de ma parfaite estime, et de me croire votre dévoué serviteur.

                                        « VAILLANT. »

Aujourd'hui le maréchal Vaillant est chef d'état-major de l'armée d'Italie. Il était, il y a trois mois, ministre de la guerre.

*
* *

BALARD, — naquit à Montpellier, où il a été longtemps professeur, après avoir passé par Paris. Occupe deux chaires : une au Collége de France et l'autre à la Sorbonne ; nasille et gasconne ; clarté suffisante dans ses cours, abuse de la cravate et du gilet blancs.

On prétend que Balard a découvert le *brôme*.
D'autres disent que c'est le brôme qui a découvert
Balard. La justice informe.

* *

M. FLOURENS (Marie-Jean-Pierre). — Né en 1694,
à Maureilhan (Hérault). M. Flourens a aujourd'hui
165 ans bien sonnés.

Il fut reçu docteur à Montpellier à l'âge de 119
ans ; les biographes complaisants prétendent que ce
fut à l'âge de 19 ans ; — j'ose les contredire. Ce
docteur porte aujourd'hui gaillardement son âge ;
— il porte aussi perruque blonde, ce qui est bien
vilain pour un homme aussi jeune.

M. Flourens a fait beaucoup de travaux sérieux :
il a jeté un grand jour sur plusieurs questions de
physiologie comparée ; il a nettement distingué les
diverses parties qui forment les centres nerveux, et
il a assigné à chacune d'elles son rôle dans le grand
acte de l'innervation.

L'un des premiers, il a appelé l'attention des
savants français sur l'existence du nœud vital, de
ce point de la moelle allongée qui, chez l'homme,
est gros comme la tête d'une épingle, et dont la pi-
qûre peut causer subitement la mort.

Il a victorieusement renversé les absurdes pré-

tentions du système de Gall, et analysé avec beaucoup de précision et de clarté les œuvres de Linné,
de Buffon et de Cuvier; — mais il a eu le tort immense de se faire le très-humble serviteur de ce
dernier : — à la doctrine étroite de Cuvier, tous les
esprits véritablement sérieux préfèrent la doctrine
immense et grandiose de Geoffroy Saint-Hilaire.

M. Flourens est membre de l'Académie des
sciences depuis 1828 ; il y fut classé, — qui le croi
rait ! — dans la section d'économie rurale.

Quatre ans plus tard, il était professeur au *Jardin des Plantes*, section des *animaux*. — En 1833,
à la mort de Dulong, l'Académie nomma M. Flourens son secrétaire, — prononcez panégyriste —
universel.

En 1839, l'arrondissement de Béziers le nomma
son représentant à la Chambre des députés ; — le
nouvel élu s'assit sur les bancs de la gauche, et ne
souffla mot durant tout l'exercice de ses fonctions.

Sept ans plus tard

> On récompensait ce silence
> En nommant Flourens pair de France.

La rime y est, — mais la raison ?...
En 1840, — l'Académie française le préféra, —

horror ! — à Victor Hugo et lui offrit son 40e fauteuil.

Notez, en passant, que si le candidat eût été
moins sérieux et moins digne que l'illustre poëte, le
jeune Flourens eût certainement échoué.

En 1855, en vertu du vulgaire dicton :

« L'eau va toujours à la rivière, »

M. Flourens fut nommé professeur au Collége de
France, si bien qu'il put dès lors jouir d'un revenu
annuel dont voici les détails et le total :

Logement et chauffage donnés gratuitement par
l'administration du Jardin de Plantes,   3,000
Chaire de physiologie à ce même
Jardin des Plantes,   5,000
Chaire au Collége de France,   5,000
Secrétariat de l'Académie des scien-
ces,   6,000
Jetons de présence à l'Académie
française,   2,000
                                         ————————
                                         21,000 fr.

On appelle souvent M. Flourens le *Florian* de la

littérature scientifique. Il y a quinze ans on fit sur lui les vers que voici :

En se glissant à l'Institut
Flourens n'a pas manqué son but.
Il guérira poumons et foies
Des grands hommes du pont des Arts;
Et lui qui soignait les canards[1]
Saura bientôt soigner des oies.

Il y a cinq ans le nom de M. Flourens acquit, brusquement, une immense célébrité; le jeune savant venait d'affirmer que l'homme peut vivre cent ans sans se déranger, et deux cents ans en y mettant un peu de complaisance. Cette facétie servit de thème, pendant quinze jours à tous les chroniqueurs de France et de l'étranger.

Soyons sérieux. — il y a soixante-cinq ans que M. Flourens est venu au monde et déjà il est chauve, — que dis-je déjà! il y a bien dix ans de cela. — Or. d'après sa théorie, la seconde jeunesse commence à quarante ans et l'âge mûr à soixante. — Si, dès le début de l'âge mûr, le crâne est chauve comme un genou, que devient, à l'heure de la vieil-

---

[1] M. Flourens a fait bon nombre d'expériences sur les os de canards.

lesse, « l'éclatante blancheur des cheveux argentés du vénérable vieillard ! »

M. Flourens s'est trop pressé, il a commis quelque erreur de chiffre, et sa précipitation a donné à réfléchir à ceux qui commençaient à croire en lui.

Pourquoi le docte docteur ne s'est-il pas souvenu de ce précepte :

Si vis me flere, primò tibi dolendum est.

Il fallait prêcher d'exemple.

Rien n'est plus curieux que M. Flourens faisant son cours au Jardin des Plantes.

Il arrive invariablement une demi-heure trop tard. — Il regarde son auditoire d'une façon complaisante, sourit ou fait un signe de tête à ceux qu'il reconnaît ; s'assied, tire délicatement son mouchoir, crache, se mouche, tire de la poche gauche de sa redingote, — côté du cœur, — un petit papier plié en quatre qu'il étale sur sa table, de son gousset une superbe montre en or — fabriquée à Genève — qu'il consulte d'un œil inquiet, la pose près de son petit papier, appuie ses coudes sur la table, entrelace ses doigts les uns dans les autres, après s'être frotté les mains comme un homme qui se débarbouille, lève les yeux au ciel, comme pour s'inspirer des rayons de la science divine, et commence sa leçon.

Il parle lentement, doc-to-ra-le-ment; il est tour à tour spirituel et sérieux, — mordant et grave, — jeune et solennel; — il manie avec beaucoup plus de facilité l'ironie que la logique et fait trop intervenir la Divinité et son « inépuisable bonté, » et son « éclatante sagesse » dans ses démonstrations.

Invoquer Dieu pour expliquer la digestion, me paraît absurde, sinon inconvenant et maladroit.

Parfois il vient en aide à ses démonstrations en faisant passer à ses auditeurs, par les mains de M. Philippeaux, son intelligent préparateur, des gésiers ou des cerveaux de poulets, de canards, de singes, de rats et d'autres animaux.

Il arrive souvent qu'un curieux maladroit renverse l'alcool conservateur sur la robe puce d'une Anglaise bas-bleu ou sur le paletot marron d'un habitué endormi.

En pareil cas, la leçon est un moment interrompue par des cris qui n'ont rien d'humain; mais bientôt tout rentre dans le silence et la leçon recommence à petit bruit.

D'ARCHIAC (le vicomte), — géologue. — On a de lui un roman intitulé : *Zizim, ou les chevaliers de Rhodes.*

*
* *

CHEVREUL, — a été le préparateur de Vauquelin ; fut nommé ensuite directeur des Gobelins. Ayant appris que la duchesse de Berry visitait souvent ses laboratoires, Chevreul avait soin de se placer chaque jour sur le passage de la princesse, en bras de chemise, un madras sur la tête, et de faire allumer tous les fourneaux.

Chevreul s'est fort occupé de l'analyse des corps gras. Liebig a reconnu que ses analyses étaient fausses.

Il est professeur de chimie organique au Muséum. Il a créé la théorie des *Contrastes simultanés.*

Il est fort laid, muni d'une grosse tête, ne regarde jamais son auditoire ; sa voix est d'un timbre désagréable.

Chevreul parle lentement, marche lentement, pense lentement. Son cours dure six ans. — Il est ennuyeux.

*
* *

DESPRETZ. — Il s'appelle *César Mansuete*, et il est vulgaire et bourru.

> A ses leçons, qu'on ne suit plus,
> Quand le lourd Despretz nous explique
> De sa pesante voix, dans son style diffus,
> Les secrets délicats que nous offre l'optique,
> Je crois voir un hercule antique,
> Armé d'une massue et brandissant sa pique
> Qui foule en son dernier abri
> La dépouille d'un colibri.

M. Despretz est né en Belgique; il a environ soixante-cinq ans. Il fut répétiteur du cours de Thénard à l'École polytechnique. Ses camarades le citèrent pour sa maladresse; il fut cependant assez adroit pour être professeur de physique au collége Henri IV, puis à la Faculté des sciences.

Il entra à l'Académie en 1841.

C'est lui qui, il y a quelques années, trouva le moyen de faire du diamant avec du charbon.

M. Despretz est très-fort aux dominos; il s'exerce à ce jeu tous les soirs au café Procope.

*
**

COMBES, — inspecteur des mines de première classe, professeur et directeur de l'École des mines, membre de l'Académie des sciences, secrétaire de la

section des chemins de fer au ministère des travaux
publics, membre du conseil d'hygiène...

Ouff !!...

*
* *

VELPEAU, — naquit à Briche, petit village des
environs de Tours, le 18 mai 1795.

Son père, maréchal-ferrant et vétérinaire, fut
aidé par son fils dans son double métier.

Doué d'une volonté ferme, le jeune aspirant vétérinaire *voulut* devenir médecin, et fit d'abord quelques cures dans son village.

Envoyé à Tours par ses parents, il y fit ses premières études médicales, et y apprit le français, le
latin, la géographie et l'arithmétique

Il fut reçu officier de santé au bout de quinze
mois d'études ; il vint à Paris avec 400 francs au fond
de sa bourse, il fut économe, il travailla, il lutta,
fut nommé aide d'anatomie, et passa sa thèse
en 1822 ; — il conquit, en 1830, la place de chirurgien de l'hôpital de la Pitié ; en 1835, il obtint la
chaire de clinique médicale à la Faculté de Paris,
et fut nommé, en 1842, membre de l'Académie des
sciences.

M. Velpeau est grand, maigre, sec. Ses yeux,
enfoncés dans l'orbite, ont un aspect cadavérique.

— Ses sourcils sont hérissés comme la moustache d'un chat. — Son sourire est grimaçant.

Il aime le calembour, et vise beaucoup à l'esprit.

Les points saillants de son caractère sont l'orgueil, — je ne dis pas la vanité, — et l'égoïsme. — Il a beaucoup d'érudition, une main sûre, hardie, et la bosse de la protection.

*
* *

CAUCHY. — Un original, mais un honnête homme. Cauchy fut, en 1851, après le 2 décembre, dispensé, ainsi qu'Arago, de la prestation de serment au président. Il était alors professeur de mathématiques à l'Académie des sciences.

Cauchy répondit à cette mesure en répandant en œuvres de bienfaisance tout son traitement.

« Ce n'est pas moi qui paye, disait-il à ceux qui blâmaient sa prodigalité; c'est l'Empereur. »

*
* *

BIOT (Jean-Baptiste), — est le doyen d'âge de l'Académie des sciences. Il naquit en 1774. Il entra en 1794 à l'École polytechnique, et fut nommé ensuite professeur à l'École centrale de Beauvais.

En 1800, âgé de 26 ans, il occupait la chaire de

physique au Collége de France. En 1803, à 29 ans, on le nommait à l'Académie des sciences.

En 1804, il refusa de voter pour l'établissement de l'Empire, prétendant que la science doit se tenir en dehors de la politique.

En 1806, il s'éleva… à quatre mille mètres en ballon, en compagnie de Gay-Lussac. Il fut nommé professeur d'astronomie à la Faculté des sciences en 1819. Il a jeté un grand jour sur la polarisation de la lumière.

A l'Académie des sciences, M. Biot a toujours un bonnet de soie noire sur la tête, et sous le bras un livre plus gros que lui.

Il a été élu en 1856 membre de l'Académie française. Il doit cette nomination à ses éloges de Montaigne et de Gay-Lussac.

M. Biot a publié récemment, chez Michel Lévy, trois volumes de *Mélanges scientifiques et littéraires* imprimés avec soin.

**
* *

BERNARD (Claude). — La vanité incarnée. Il a 46 ans; il est long, maigre; il a un large front, mais ce caractère ne donne rien d'imposant à sa tête. La commissure des lèvres est tirée vers le bas; les joues sont pendantes.

En 1841, il était préparateur de Magendie au Collège de France; en 1843, docteur en médecine; en 1847, suppléant de Magendie; en 1853, docteur ès sciences; en 1854, professeur d'une chaire nouvelle (physiologie générale) à la Faculté des sciences; en 1854, membre de l'Académie des sciences, en *remplacement de M. Roux (section de chirurgie !!!)*

M. Bernard a tourmenté tous les nerfs et toutes les glandes de nos lapins. Il a sacrifié en quinze ans plus d'un million de ces intéressants rongeurs. Il a étudié les fonctions du poumon, du foie; les propriétés du suc gastrique et de la salive; l'influence du nerf grand sympathique.

M. Bernard parle mal, écrit mal, se tient mal; ses leçons sont faites sans ordre et sans clarté; son débit agace, son geste irrite. M. Bernard n'est pas né professeur, il est né... coiffé — de toques.

*
* *

DUMÉRIL (André-Marie-Constant), — est né en 1774; il a donc 85 ans. Figure vénérable, l'œil encore vif, — des cheveux d'un blanc qui impose et inspire le respect, — le sourire d'un jeune et d'un heureux.

Le père Duméril, — ainsi l'appellent les étudiants, — est le doyen des docteurs de France : il fut reçu à Rouen en 1793.

Dès 1798 il gagnait contre Dupuytren la place de chef des travaux anatomiques à Paris.

En 1801 on lui donnait la chaire d'anatomie, qu'il échangea en 1822 contre celle de physiologie ; il abandonna cette dernière en 1830 pour la chaire de pathologie interne.

Le père Duméril a donc exercé pendant *cinquante-huit ans* le professorat.

Il a été l'ami et le collaborateur de Cuvier ; — il a continué son histoire des reptiles.

Depuis quarante ans il a occupé au Jardin des Plantes la chaire d'erpétologie et d'ichthyologie (reptiles et poissons), chaire aujourd'hui occupée par son fils, et longtemps il nous a fait rire par sa façon originale d'imiter les coassements de la grenouille et le sifflement de quelques reptiles. A son cours de pathologie, à l'École, il imitait les cris et les contorsions des malades ; il en était quitte pour une extinction de voix et la rupture d'une bretelle.

Il passe pour naturaliste chez les médecins, — pour médecin chez les naturalistes.

Aux examens de la Faculté de médecine, M. Duméril est jovial, bienveillant et caustique ; il rit et cause avec le candidat comme un père avec son fils,

— et l'on aime en effet à l'École ce brave homme comme un bon et excellent père.

**

PELIGOT, — essayeur à la Monnaie, professeur de chimie au Conservatoire des Arts et Métiers, où il fait un excellent cours. — Quelques découvertes. —Un zézayement et un dandinement désagréables.

**

BECQUEREL, — a fait la campagne de 1814 comme officier de génie, a des tendances au bégaiement.

Croit tout savoir. Figure commune; enseignement obscur. Son énorme Traité d'électricité est d'un pathos étourdissant. Professeur de physique au Muséum, où il traite toujours la même partie de son enseignement.

**

DECAISNE, — ancien jardinier du Jardin des Plantes. Gendre et un des satellites du père Jussieu, professeur de culture au Muséum. Décrit les plantes de façon à les rendre méconnaissables. Rédige un journal d'horticulture.

**

CORDIER, — né en 1777; a été *attaché* à l'expédition d'Égypte, a réussi à en *réchapper* sain et sauf. N'a rien écrit sur l'expédition. A remarqué seulement que les Pyramides sont plus larges à la base qu'au sommet.

A découvert la théorie du feu central. Découverte attribuée à M. D..... qui n'a pas réclamé.

M. Cordier fait un cours détestable de géologie au *Jardin*. Il a des théories réactionnaires en cette science.

.*.

BRONGNIART, — professeur de botanique au *Jardin*. Fils de son père. Son cours est excellent, mais celui qui le fait est froid et pincé.

Rien de remarquable comme originalité. La parole de Brongniart est embarrassée; il a un défaut d'élocution fort désagréable.

.*.

DELAUNAY. — La figure et le langage d'un enfant; quelque chose de naïf dans le regard; est entré à l'Institut à l'âge de 38 ans; est ingénieur des mines de première classe, professeur de mécanique à l'École polytechnique et à la Faculté des sciences.

PAYER, — professeur de botanique à la Faculté des sciences; a été représentant du peuple en 1848 et secrétaire d'ambassade en Amérique. Beaucoup de science, une grande clarté dans ses leçons.

M. Payer est très-affable pour les élèves: il les aide de ses conseils dans leurs études. A fait un bon traité élémentaire de botanique et un magnifique atlas d'organographie végétale.

*
* *

CLOQUET (Jules), — professeur à l'École de médecine depuis 1831; — se fait souvent suppléer.

N'a presque rien fait depuis, ce qui lui a valu l'honneur d'être nommé membre de l'Académie des sciences en 1855.

*
* *

RAYER, — né en Calvados, en 1793. Élève et protégé de Duméril; — fut pris comme médecin en 1842, par le banquier Aguado, et doit à ce choix sa brillante fortune.

Il est médecin de la Charité. Il a fait d'importants travaux sur les maladies des reins et de la peau, sur la suette, la morve et le farcin.

Fut nommé consultant du roi Louis-Philippe, est

actuellement médecin par quartier de l'Empereur.

M. Rayer a un grand fond de gaîté et d'affabilité. C'est un homme de beaucoup de tact et d'un prodigieux savoir.

Mais pourquoi, je vous le demande, l'a-t-on nommé à l'Académie des sciences, pour la section d'*économie rurale*, en 1843? Était-ce pour avoir soigné une *tête couronnée?*

***

VALENCIENNES. — Le prud'homme de la science, l'élève et le piston de Cuvier, qui lui confia le soin de remplir d'alcool ses bocaux.

Valenciennes dit « Cuvier et moi; » comme le chauffeur qui a fondu le bronze dont on a fait la colonne dit : « Napoléon et moi. »

Valenciennes est un poissonnier, et ne connaît que les poissons; c'est pour cela qu'on l'a nommé au *Jardin* professeur de conchyliologie, et à l'École de pharmacie professeur de zoologie. Serait-il par hasard maître en pharmacie et docteur ès sciences?

Quelqu'un disait, en apprenant son élection à l'Académie : « Comment, Valenciennes est monté sur un fauteuil! Qu'est-ce qu'il fera là-dessus? »

Nota. Il y a quinze ans de cela. Valenciennes n'a rien fait depuis.

BOUSSINGAULT. — A été élève à l'École des mineurs de Saint-Étienne. Envoyé par une compagnie anglaise dans l'Amérique du Nord, pour diriger une exploitation, il fut nommé aide de camp de Bolivar.

A été représentant en 1849. A renoncé à la politique après le coup d'État.

Fait au Conservatoire des Arts et Métiers un excellent cours de chimie agricole. Quand il parle, Boussingault n'ose pas lever les yeux sur son auditoire.

On dit que M. Georges Ville réclame la priorité sur plusieurs découvertes de M. Boussingault.

*
* *

MILNE-EDWARDS, — petit, tête carrée, origine et accent anglais; tempérament maladif.

Il a été l'élève de Cuvier ; il a fait un voyage en Sicile. Il connaît très-bien les crustacés; beaucoup moins les insectes.

Son livre : *Introduction à la zoologie générale*, est diffus. Je préfère son livre de physiologie comparée.

Pourquoi M. Milne-Edwards est-il membre libre de l'Académie de médecine ?

POUILLET. — né en 1791; a enseigné en 1827 la physique au duc d'Orléans ; fut successivement professeur de physique à l'École normale, au collége Bonaparte, au Conservatoire des Arts et Métiers, à l'École polytechnique, à la Faculté des sciences.

M. Pouillet a été très-attaché à la monarchie de Juillet; en 1849, il fut accusé d'avoir donné asile à Ledru-Rollin, dans le Conservatoire des Arts et Métiers, et de n'avoir pas opposé de résistance à l'invasion. — « Ma place était auprès des collections, » répondit-il.

Après le coup d'État, il fut destitué pour refus de serment.

M. Pouillet a une élocution facile, élégante; son cours était admirable. Son *Traité de physique* (7ᵉ édition) est excellent.

C'est un savant modeste, honnête et fidèle à ses convictions. — Chose rare !

*
* *

DÉLAFOSSE (Gabriel). — né en 1795, professeur de minéralogie à l'École normale, à la Faculté des sciences, au *Jardin* ; a fait un précis *d'histoire naturelle* de peu de valeur, et prépare un bon traité de cristallographie. Reçu à l'Académie en 1857.

FREMY, — professeur de chimie inorganique à l'École polytechnique et au Muséum; l'un des auteurs de l'excellente chimie générale de Pelouze et Fremy; parole facile, correcte; fait un cours admirable de clarté et de science.

*
* *

BERTRAND, — un des plus forts et des plus jeunes mathématiciens de l'Académie; fut reçu le premier à l'École polytechnique, où il professe; —il a aussi une chaire à la Faculté des sciences.

A épousé une jeune fille qu'il avait sauvée au péril de sa vie, lors de l'accident du chemin de Versailles, en 1842.

*
* *

CHASLES, — mathématicien; causeur.

*
* *

REGNAULT, — auteur d'un excellent traité de chimie; annonce depuis dix ans son traité de physique.

Professeur à l'École polytechnique et au Collége de France, directeur de la manufacture de Sèvres. Reçu à l'Académie à vingt-cinq ans. Figure douce et intelligente.

MORIN (général), — très-bourru, — directeur du Conservatoire des Arts et Métiers ; beaucoup de théorie, peu de pratique.

*
* *

LAMÉ, — un savant.

*
* *

POINSOT, —une encyclopédie—forte tête…, sans cheveux.

*
* *

DE QUATREFAGES, — a été professeur au collége Henri IV ; professeur d'anthropologie au Muséum.

Partisan de l'unité des races humaines.

A dit un jour à son cours : « J'appartiens à la race blanche et à la variété blonde de cette race ; mes cheveux sont d'une rare finesse. »

Or, M. de Quatrefages est absolument chauve.

Accent et style gascons ; cours embrouillé ; pas de méthode. Écrivain assidu et quelquefois intelligent de la *Revue des Deux-Mondes*.

*
* *

PAYEN. — Il ouvre un *large bec*… pour démontrer la quantité de fécule contenue dans la pomme de terre.

A beaucoup analysé de fumiers et de farines ; fait son cours à la diable au Conservatoire ; nulle élégance dans la tenue ni dans l'élocution.

*
* *

SERRES, — le plus savant et le plus laid de l'Académie ; a eu le tort d'abandonner la chaire *d'anthropologie* qu'il avait créée, pour occuper, lui troisième, celle *d'anatomie comparée*, créée par Cuvier. Ce que c'est que l'ambition !

Caractère loyal.

*
* *

GEOFFROY SAINT-HILAIRE (Isidore), digne successeur de son père ; une petite tête carrée, un sourire fin, une bouche spirituelle ; style voltairien, parole élégante. Fondateur de la Société d'acclimatation, et l'un de ses membres les plus actifs.

A contribué à répandre en France l'usage de la viande de cheval ; a fait de beaux travaux sur la *tératologie*, sur la question de l'espèce, sur la *classification*, sur l'unité des races humaines, etc.

Grande affabilité pour la jeunesse, à laquelle il

prodigue ses conseils avec une cordialité toute gracieuse.

Son *Histoire naturelle générale des règnes organiques* sera un des plus beaux monuments scientifiques de l'époque.

DUPIN (Ch.). — sautillant, sémillant; style prud'-homme; grand statisticien; fait un cours de géométrie aux maçons du Conservatoire; frère du grand Dupin.

GASPARIN, — ex-officier d'artillerie; cultivateur acharné; frère de l'auteur des tables tournantes; politique fidèle.

COSTES. — De même que Viot a été nommé le premier empoisonneur de France, de même l'important Costes est réputé le premier empoissonneur de nos rivières.

Il avait promis de les peupler en trois mois, — il y a cinq ou six ans de cela. M. Costes est destiné à être avalé par un requin.

LEVERRIER, — parent de la planète de ce nom ; un astronome influent. Cheveux rouges ; très-bavard à l'Académie ; a beaucoup de confiance dans son savoir.

Heureux homme !

FAYE, — autre astronome ; a découvert beaucoup moins d'astres.

BABINET, — troisième astronome ; le plus laid de tous ; a l'amour de la prédiction barométrique ; fort lié avec M. Busoni, de l'*Illustration*, auquel il communique chaque semaine l'état de l'atmosphère.

« Le rêve de M. Babinet serait d'être métamorphosé en quelqu'un de ces capucins hygrométriques qui, par l'influence qu'exerce sur une corde de

boyau la sécheresse ou l'humidité, ôtent ou re-
mettent leur capuchon, selon que le temps doit être
serein ou pluvieux. Ce capucin serait de stature co-
lossale et placé au faîte d'une colonne, de façon à
être aperçu de tous les points de Paris.

« M. Babinet explique tout, prédit tout, et a
remplacé et détruit Nostradamus et le *Double Lié-
geois;* donc les almanachs sont devenus aujourd'hui
impossibles [1]. »

M. Babinet est lieutenant d'artillerie.

DE VERNEUIL, — un géologue dont je n'ai jamais
lu une seule ligne.

MOQUIN-TANDON, — spirituel et railleur ; enseigne
bien la botanique à l'École de médecine.

Fut doyen de la Faculté des sciences de Toulouse
et membre de l'Académie des jeux floraux.

Auteur de poésies languedociennes, un jour il se
posa comme l'éditeur d'une légende provençale dont

____
[1] Alph. Karr, *les Guêpes*, 6 vol. in-18. Michel Lévy.

il était l'auteur, et qu'il attribua à un ancien troubadour. L'œuvre fut tirée à cinquante exemplaires magnifiquement coloriés. Tout le monde fut dupe de la supercherie, et Raynouard écrivit à M. Moquin qu'il avait recueilli dans cette légende plusieurs mots pour son *lexique roman*.

M. Moquin a fait un excellent traité sur les sangsues.

LHERMITE, — un mathématicien profond ; petit et atrocement fagoté ; touche régulièrement son jeton. Examinateur à l'École polytechnique.

PONCELET, — une encyclopédie vivante, une logique serrée et impitoyable; un des plus adroits *discuteurs* de l'Académie; — général d'artillerie.

ÉLIE DE BEAUMONT, — professeur à l'École des mines et au Collége de France, où il se fait suppléer chaque fois.

Secrétaire perpétuel de l'Académie. Style contourné, éloquence nulle, aphonie perpétuelle; une allure de mystique.

ANDRAL, — un des plus vieux et des plus savants médecins de l'Europe; travaille peu à l'Académie.

A fait, il y a cinq ans, à la Faculté de médecine, un admirable cours sur l'histoire de la médecine.

Beaucoup de bonté et d'affabilité.

JOBERT (de Lamballe). — Homme sec, rude, anguleux: il y a, dans sa tenue, quelque chose du chef d'escadron en retraite : allure martiale, regard fier et froid, voix saccadée, forte et brève.

Un front carré, deux favoris en côtelettes, une lèvre dédaigneuse, mais fine.

Un talent prodigieux; mais le savoir du chirurgien est moindre que le savoir-faire de l'homme.

Beaucoup de bonheur, de loyauté, de bonté, malgré sa rude écorce; un fond d'esprit très-suffisant,

un grand amour de la musique ; l'avant-scène des
premières de gauche au Théâtre-Italien est sa loge
de prédilection. — Du goût pour le beau, du dévouement à la cause de la science. Opérateur hardi,
brillant quelquefois, fort souvent original, M. Jobert
n'a, selon moi, qu'un défaut : son nom ; pourquoi
pas Jobert tout court, s'il vous plaît?... On n'en
meurt pas.

M. Jobert est professeur de clinique chirurgicale
et chirurgien à l'Hôtel-Dieu.

Il est né à Lamballe (Côtes-du-Nord), en 1799 ;
son père était maçon. Il fut nommé médecin du roi
en 1830, et chirurgien de l'Empereur en 1853.

PELOUZE, — un chimiste, essayeur à la Monnaie ;
beaucoup de suffisance.

Il me reste à dire un mot des journalistes qui
donnent, dans diverses feuilles, les comptes rendus
de l'Académie des sciences.

L'adversaire le plus courageux de la docte assemblée est M. Victor Meunier, novateur hardi et

plein de fougue, le champion des inventeurs pauvres et des savants modestes ; rédacteur en chef de *l'Ami des sciences*.

Puis M. Louis Figuier, qui fait à la *Presse* un compte rendu clair, concis et impartial.

L'abbé Moigno brille à son tour dans le *Cosmos*, par ses critiques mordantes et souvent traîtresses ; mais il abuse un peu trop de la citation évangélique.

Au *Moniteur*, M. Lecouturier ; au *Musée des sciences*, M. Louis Platt, nous donnent des comptes rendus spirituels et pleins de verve.

Le *Charivari* plaisante finement sur les travaux de l'Institut, par la plume d'un débutant, M. Denizet.

Les *Débats* se font graves, malgré les allures sémillantes de M. Léon Foucauld, un des physiciens sur lequel nous fondons les plus belles espérances.

L'*Union médicale* se montre acharnée, pétillante et jeune : c'est M. Maximin Legrand qui y commande l'artillerie de la critique.

Le docteur Roger fait intelligemment le compte rendu au *Constitutionnel*.

M. Rivière de l'*Illustration*, M. Foucou du *Gaulois* et M. Roubaud du *Monde illustré*, s'acquittent avec beaucoup de tact de leur tâche dans des journaux destinés à amuser et à plaire.

J'ai encore à louer M. Brochin de la *Gazette des hôpitaux*, M. Rambosson de la *Gazette de France*, M. Rochat de la *Patrie*, M. Desauley de l'*Opinion Nationale* et le docteur Reinvilliers du *Courrier de Paris*.

L'ESPRIT SCIENTIFIQUE

DU XIX⁰ SIÈCLE

La religion !! — Un ciel — ou une fange !!
L'auteur.

Il n'a été marqué aucun terme au perfectionnement des facultés humaines. La perfectibilité de l'homme est réellement indéfinie; les progrès de cette perfectibilité, désormais indépendants de toute puissance qui voudrait les arrêter, n'ont d'autres termes que la durée du globe où la nature nous a jetés.
Condorcet.

Il faut toujours se souvenir qu'il n'y a proprement qu'une science, et si nous connaissons des vérités qui nous paraissent détachées les unes des autres, c'est que nous ignorons le lien qui les réunit dans un tout.
Condillac.

I

A M. FRANCIS RIAUX, *professeur à la Faculté des sciences de Bordeaux, rédacteur au* Constitutionnel.

Mon cher maître,

C'est dans vos excellentes leçons du lycée Charlemagne que j'ai puisé les premiers éléments de la philosophie.

17*

J'aimais alors d'une belle ardeur cette science toute nouvelle pour moi. La théodicée, surtout, était l'objet de mon enthousiasme. Ces grands mots : *Dieu, harmonie universelle, nature, création, bonté suprême, toute-puissance*, m'imposaient malgré moi. C'était une religion toute d'amour et de foi que vous découvriez à mes yeux.

Mais alors je ne connaissais pas l'application de cette religion aux actes quotidiens de la vie.

J'ignorais surtout que la religion est une arme terrible entre les mains de ceux qui veulent la faire servir à leurs intérêts.

Je croyais au merveilleux; j'avais foi dans les miracles que l'on me montrait avec tant de respect. Je n'avais point encore étudié *la nature*. J'ignorais ses lois admirables, ses manifestations splendides.

Mais sitôt que j'eus dévoré les traités de physique, de chimie, d'histoire naturelle, et surtout les premiers éléments des sciences médicales, un horizon tout nouveau se découvrit à mes yeux.

J'eus la clef d'une foule d'énigmes que la théodicée du collège m'avait dérobées. J'eus honte de ma crédulité naïve, et, par un brusque changement que vous comprendrez, vous qui connaissez si bien le cœur humain, je devins sceptique, sceptique railleur, frappant sans pitié les idoles que j'avais adorées, et je désappris à m'agenouiller en aveugle devant une puissance dont tant de gens abusaient autour de moi.

Puis, armé d'une volonté de fer, je voulus sonder jusqu'au plus profond le mystère de la création.

J'avais lu dans un petit livre grand comme la main, *l'Abrégé de l'Histoire sainte*, que le monde avait été créé en cinq jours, et que le sixième jour l'homme avait été mis sur la terre. J'appris par des calculs certains qu'il avait fallu plusieurs millions d'années à la terre pour qu'elle devînt habitable.

J'avais lu dans les orateurs chrétiens du xvii* siècle que :

« L'ordre et l'harmonie qui règnent dans l'univers sont une preuve éclatante de l'existence de Dieu. »

Je suis arrivé, à force d'études, — moi qui n'ai encore lu que les premières pages du livre de la nature, — je suis arrivé, dis-je, à cette conclusion sanglante : Plus l'harmonie qui règne dans l'univers est grande et magnifique, plus l'existence de Dieu — tel que l'entend le catholicisme — est absurde.

On m'avait montré un Dieu invisible, immense,

voyant et écoutant tout, assistant en tout lieu et simultanément à la pensée de chaque homme, notant sur un *Grand Livre* les bonnes et les mauvaises actions, et établissant, chaque année, son inventaire pour récompenser et punir.

Ce Dieu mesquin, étroit et vulgaire, était égoïste; il voulait qu'on l'aimât pour lui-même, et que cet amour fût au-dessus de toute affection terrestre.

Ce Dieu disait dans l'Évangile : « Je ne suis pas venu apporter sur la terre la *paix*, mais le *glaive*. Car je suis venu séparer l'homme de son père et la fille de sa mère, et la bru de sa belle-mère. Si quelqu'un vient à moi et ne hait pas son père, sa mère, son épouse, ses enfants, ses frères et sœurs, et *sa vie*, il ne peut être mon disciple[1] ! »

En vérité, je me demande si tout cela est sérieux, ou plutôt si ceux qui ont écrit ces livres n'ont pas voulu se rire de la crédulité humaine.

On nous parle de prières, on nous parle d'*indulgences*, le pape lui-même en vend ; a-t-on jamais vu les effets d'une prière ?

Dites à un malheureux, sincère et convaincu, enthousiaste de la Divinité et confiant dans la suprême bonté de la Providence, dites-lui, alors qu'il

____
[1] Évang. selon S. Mathieu, X, 34, 35.

manque de pain, d'implorer la céleste clémence.
Croyez-vous qu'il lui tombera de la manne, comme
autrefois aux Israélites dans le désert ?

Non ! — Dites à cet homme de travailler, ou plutôt,
vous que le monde regarde et méprise comme un
athée, parce que vous ne croyez qu'aux choses simples et vraies, au beau et au bien, — vous, dis-je,
donnez du travail à ce malheureux, et le pain lui
arrivera.

Le travail, c'est la seule prière ! « Les moines
sont morts, dit M. Jean Reynaud, les jardins fleu-
rissent sur leurs cimetières ; et ce bruit des machines, qui, jour et nuit, vomissent la richesse sur
la terre, remplit les antiques demeures où ils s'ef-
forcèrent si longtemps de convier les hommes aux
austérités fatales de ce monde[1].

Je n'admets pas un Dieu personnel, égoïste et
brutal.

Je ne veux en aucune façon expliquer ici la création du monde, comme prétendent le faire les catholiques et les panthéistes.

Je sais seulement que le monde a été créé et
qu'il est régi par une force supérieure à toutes celles
que nous connaissons, mais simplement une *force*,

[1] J. Reynaud, *Terre et Ciel*, 1854, p. 105.

une sorte de cohésion gigantesque qui tient toutes les parties de l'univers en équilibre, et en vertu des lois de laquelle s'accomplissent tous les phénomènes cosmiques.

Demandez à votre Dieu d'arrêter le soleil, comme le fit Josué ; il vous répondra que la terre accomplit sa révolution autour de cet astre en obéissant à des lois immuables sur lesquelles il n'a aucune puissance, — et il n'arrêtera pas le soleil.

Dites-lui de vous faire marcher sur les flots irrités, et il vous répondra que, quoi qu'il fasse pour vous, lui qui ne peut rien, vous vous enfoncerez ridiculement dans la mer si vous venez à tenter cet exercice de clown.

Dites-lui de faire cesser les pestes et les fièvres, et il vous répondra d'assainir et de dessécher les marais, sous peine d'être décimés par ces terribles fléaux.

Demandez-lui de ressusciter un mort, et il vous répondra que le souffle vital s'est envolé, que la force qui tenait en équilibre cette chair, ce sang, ces os, a disparu, et qu'il faut plutôt songer à ensevelir le cadavre, et à imiter plus tard les vertus de celui qui n'est plus.

Dites-lui de faire jaillir l'eau sous vos pieds, et il vous ordonnera d'étudier la composition géologique du sol, afin de savoir s'il est possible de creuser en ce lieu un puits artésien.

Implorez-le pour qu'il lance la foudre sur un de vos ennemis, et il vous dira d'abord que la vengeance est un crime, et ensuite que la prétendue foudre est le bruit d'un choc électrique entre deux nuages fortement chargés d'électricité.

Comme conséquence de l'existence d'un Dieu raisonnant, pensant, gouvernant, les catholiques admettent aussi l'immortalité de l'âme, et ils répondent à ceux qui la nient :

« Ici-bas la vertu est souvent malheureuse et repoussée, le vice presque toujours riche et triomphant. Donc il faut qu'il y ait une seconde vie où tout soit réglé selon les lois morales, où le vice soit puni et la vertu récompensée. »

Telle n'est pas mon opinion.

Pourquoi avons-nous été jetés sur la terre ! Ma foi, je l'ignore, et bien fin celui qui le sait; bien osé celui qui croit pouvoir l'expliquer.

« Je suis plus sage que cet homme : car il peut bien se faire que ni lui ni moi ne sachions rien de fort merveilleux; mais il y a cette différence que lui il croit savoir, quoiqu'il ne sache rien, et que moi, si je ne sais rien, je ne crois pas non plus savoir [1]. »

Quoi qu'il en soit, nous sommes sur la terre, et nous y sommes libres de faire le bien ou le mal.

La morale veut que nous fassions le bien. Faisons donc ce que veut la morale, et tant pis si la récompense ne suit pas la bonne action, nous aurons fait notre devoir ; — cela suffit.

Je sais bien que ce système, ou plutôt ce raisonnement bien simple, met à néant certaines prétentions cléricales, telles que l'absolution, les indulgences, les messes particulières et les offrandes extraordinaires. Mais, que voulez-vous, j'admets que le bien doit être fait pour lui-même et non en but d'une récompense finale dans un monde meilleur.

Que deviennent avec cet espoir des récompenses tous ces actes que nous qualifions de spontanés ?

Croyez-vous qu'un homme qui se précipite dans l'eau pour sauver un de ses semblables qui se noie, réfléchisse, avant de le sauver, s'il sera récompensé sur cette terre ou dans le ciel ? — il sauve celui qui va périr, et voilà tout. Qu'il soit récompensé ou

---

[1] Platon, *Apologie de Socrate*. Trad. Cousin, t. I, p. 73.

non, il a rempli son devoir d'homme, il a obéi à ce beau précepte de la Bible :

« Aimer son prochain comme soi-même. »
A ce commandement de l'Évangile :
« Aimez-vous les uns les autres. »

Or, dans cette vie si courte — eu égard à l'éternité du monde, — tout acte humain n'est-il pas un acte spontané, et la réflexion en face d'une belle action à accomplir, n'est-elle pas toujours rapide et insaisissable ?

II

J'arrive à ce qui touche plus spécialement l'*esprit scientifique du xix° siècle*.

Les phases diverses par lesquelles a passé l'esprit humain sont : les phases *théocratique*, *métaphysique*, *positive*.

A l'origine, l'homme, jeté presque nu sur le globe, ébloui par les merveilles qui l'entouraient, s'est prosterné devant la puissance surnaturelle à laquelle il devait la vie.

. Il lui a élevé des autels, il lui a adressé des sacrifices et des prières.

L'homme a créé Dieu.

Tout était pour lui prodige, miracle; — il admirait et il adorait sans chercher à expliquer la nature.

Mais plus tard, à ce sentiment mystique vint s'ajouter un sentiment de curiosité, un désir effréné de savoir, désir immense qui envahit tout entier le cœur de l'homme.

Au lieu d'étudier d'abord les phénomènes naturels, de les classer, de les coordonner, de tirer de leurs observations leurs lois et leurs règles, l'homme s'attacha à des spéculations théoriques; il bâtit des systèmes, et voulut trouver de prime-abord l'*essence des choses*.

On comprend qu'une pareille ambition fut souvent déçue.

Cette métaphysique, — puisqu'enfin il la faut appeler par son nom, — n'était basée sur rien. À chaque progrès, les bases étaient remaniées; une théorie nouvelle s'élevait sur les ruines de la précédente, et l'esprit humain éperdu s'élançait dans un monde d'hypothèses vagues et éphémères.

Ce ne fut qu'au XVIe et au XVIIe siècle, et surtout dans notre siècle, que la métaphysique fit place à l'observation des faits.

La nature fut étudiée dans ses plus minimes détails; chaque corps eut son histoire, chaque phénomène fut pesé, apprécié; et de cette observation constante, de cette étude minutieuse, l'esprit put s'élever à des considérations générales et arriver par la synthèse à la connaissance des lois auxquelles obéit la nature.

Descartes, dans son admirable discours sur la méthode, nous avait appris qu'il fallait « monter peu à peu, comme par degrés, des objets les plus simples et les plus aisés à connaître, jusqu'à la connaissance des plus composés. »

Les idées de Descartes furent suivies et développées au xixe siècle par Ampère, Jean Reynaud et Auguste Comte.

Auguste Comte, auteur du *Cours de la philosophie positive*, livre admirable que nous étudierons dans un prochain ouvrage, divisa la science en six branches principales qu'il rangea dans l'ordre suivant :

Mathématiques, astronomie, physique, chimie, théologie, science sociale.

Il montra que ces sciences s'appuyaient l'une sur l'autre et s'enchaînaient si étroitement, qu'il était nécessaire de bien connaître la première pour comprendre et étudier la seconde, et ainsi de suite.

Il fit voir que, dans chacune de ces sciences, la raison humaine voit partout des faits positifs, que tels agents étant mis en présence, le même effet doit toujours en résulter, et que tout se passe dans la nature suivant des lois immuables et éternelles.

Enfin, il est facile de comprendre que la dernière science, la *science sociale*, résume toutes les autres, et que, en définitive, elle est le véritable couronnement de toutes les connaissances humaines.

Donc, le bien-être de l'humanité est le but suprême auquel nous devons tendre, et par conséquent il faut toujours étudier, toujours apprendre. Chaque jour, à une découverte doit s'ajouter une découverte nouvelle.

L'horizon de la science est infini.

Pourtant les catholiques exagérés prétendent qu'à force de découvertes, on finira par abolir le travail[1].

Cette objection est fausse, immorale, et anti-religieuse.

« Tu travailleras à la sueur de ton front, » a dit le Dieu des chrétiens.

[1] *Vrais et faux catholiques*, par L.-A. Martin. — Livre condamné.

Or, nous savons que plus la science pratique, celle qui, selon Descartes, est la branche de l'*arbre encyclopédique* à laquelle pendent les *fruits*, plus cette science fait de progrès, plus l'intelligence humaine se développe.

Plus aussi le travail abonde; et alors les bras et les esprits peuvent se porter sur d'autres terrains et défricher des sols jusqu'alors incultes et stériles.

Que ces catholiques trop ardents ne craignent pas de voir l'homme trop heureux sur la terre !

Je sais bien que cette tendance perpétuelle de l'humanité vers une félicité parfaite est un obstacle puissant à la croyance de l'immortalité de l'âme et de la vie future; mais qu'importe la théorie ! que me font les conséquences plus ou moins directes d'une doctrine dont rien ne me démontre la vérité !

Travailler, toujours travailler, telle est la loi de la nature.

L'homme est organisé pour le travail. L'inaction tue son esprit, comme elle tue son corps.

*L'inaction rabaisse l'homme au niveau de la brute.

Le travail l'anoblit et le relève à ses propres yeux.

« Il me semble même voir sur le visage de l'homme, au plus noble endroit, dans ces sourcils qui n'ont d'autre fin que d'empêcher la sueur qui tombe du front de ruisseler dans les yeux, un signe de la condition invariable de sa race, et, si j'ose dire, comme une marque de sa condamnation à perpétuité au travail forcé [1]. »

[1] Jean Reynaud, *loc. cit.*, p. 107.

FIN

TABLE DES MATIERES

FIN